Peter Brandl

Kommunikation

... und was Sie darüber
wissen sollten, um sich das Leben
leichter zu machen

Peter Brandl

Kommunikation

... und was Sie darüber
wissen sollten, um sich
das Leben leichter zu machen

2. Auflage

Bibliografische Information der Deutschen Nationalbibliothek

Die Deutsche Nationalbibliothek verzeichnet diese Publikation
in der Deutschen Nationalbibliografie; detaillierte bibliografische
Daten sind im Internet über http://dnb.d-nb.de abrufbar.

ISBN 978-3-86936-636-4

Programmleitung: Ute Flockenhaus, GABAL Verlag
Lektorat: Susanne von Ahn, Hasloh
Umschlaggestaltung: Martin Zech, Bremen | www.martinzech.de
Umschlagfoto: Paul Ridderhof
Satz und Layout: Lohse Design, Heppenheim | www.lohse-design.de
Druck und Bindung: Salzland Druck, Staßfurt

2. Auflage 2016

www.gabal-verlag.de
www.twitter.com/gabalbuecher
www.facebook.com/Gabalbuecher

Inhalt

Vorwort

Warum missverstehen wir uns so oft? Warum kommt es immer wieder zu Konflikten? Warum scheint manchmal alles so schwierig und warum reden wir gerade dann, wenn es darauf ankommt, aneinander vorbei?

Auf der anderen Seite: Warum können sich manche Menschen so gut verkaufen? Scheinbar mühelos setzen sie sich in fast jeder Situation durch und erreichen das, was sie wollen. Wie kommt es, dass solche Menschen praktisch immer das bekommen, was sie wollen, und das Ganze auch noch leicht erscheint? Was machen die einen anders als die anderen?

Für die meisten Menschen ist Kommunikation so eine „Eh-da-Kompetenz". Darum müssen wir uns nicht kümmern, die ist eh da! Und in den meisten Situationen stimmt das ja auch. Sie alle sind Kommunikationsprofis. Natürlich sind Sie das und Sie können auch kommunizieren. In mindestens 99 Prozent aller Situationen läuft es doch, und unsere Kommunikation ist erfolgreich.

Kommunikation ist „eh da"

Aber Sie kennen auch dieses letzte Prozent, diesen letzten Rest. Da bauen wir Konflikte, da geraten wir in Streit, da verlieren wir den Kunden oder Geschäftspartner. In der Fliegerei passieren da die Katastrophen. Doch muss es zwangsläufig dazu kommen oder könnte ein kleines bisschen Training vielleicht sinnvoll sein?

In diesem Buch habe ich die wichtigsten Inhalte meiner Seminare zusammengefasst und damit natürlich auch das, was ich aus der ganzen weiten Kommunikationspsychologie für wirklich relevant halte.

Warnung: Wenn Sie jetzt wissenschaftliche Abhandlungen, differenzierte Analysen und noch nie gehörte psychologische Thesen auf hohem Abstraktionsniveau erwarten, dann ist dieses Buch wahrscheinlich nicht das richtige für Sie. Ich glaube nämlich, dass Psychologie Spaß macht und überhaupt nicht kompliziert ist. Und deshalb ist dieses Buch auch nicht kompliziert.

Praxis geht vor Theorie

Mein Ziel ist es, Ihnen zu zeigen, wie Kommunikation funktioniert, beziehungsweise, wie wir selber es immer wieder schaffen, uns das Leben schwer zu machen. Egal, ob Sie im Vertrieb tätig sind, in anderen Bereichen beruflich verhandeln oder ob Sie in Ihren privaten Gesprächen effektiver sein möchten – in diesem Buch geht es darum, was Sie wissen müssen und was Sie tun können, um das, was Sie wollen, leichter zu bekommen. Es geht also darum, sich letztlich das eigene Leben leichter zu machen.

Und wenn Sie beim Lesen auch noch Spaß haben, dann wäre ich sehr froh.

Herzlichst

Lindau, Januar 2015

P.S.: Der Einfachheit und der Lesbarkeit wegen verwende ich in den meisten Fällen nur die verallgemeinernde männliche Form. Natürlich meine ich damit immer sowohl Männer als auch Frauen.

Ein paar Worte vorab ...

Wie funktioniert Kommunikation?

„Wie gut können Sie kommunizieren?" Mit dieser Frage beginne ich oft meine Seminare. Die Teilnehmer antworten meistens sehr zurückhaltend. Nachfragen kommen, wie „Was genau heißt gut?" oder „Kommt ganz auf die Situation an". Die Seminarteilnehmer sind in der Regel sehr vorsichtig, denn sie vermuten (und zwar zu Recht), dass ich irgendetwas mit ihnen vorhabe.

Anders sieht die Sache aus, wenn man Menschen in „unverdächtigen" Situationen fragt, also wenn sie nicht befürchten, dass ein Kommunikationstrainer sie gleich eines Besseren belehren wird. Dann antworten die meisten Befragten mit „gut" bis „sehr gut" oder auf einer Skala von null bis zehn mit Werten zwischen acht und neun.

Fakt ist: Wir gehen davon aus, dass wir gut genug kommunizieren können, um uns darauf verlassen zu können, dass unsere Kommunikation funktioniert. Und in den meisten Fällen tut sie das ja auch. In den allermeisten Situationen verstehen wir uns. Wir haben Spaß, wir tauschen uns aus, wir verhandeln, wir überzeugen. Allerdings: Manchmal läuft es auch richtig aus dem Ruder. Bei einem kleinen Teil unserer Kommunikationssituationen funktioniert scheinbar nichts. Da entstehen Konflikte, da verlieren wir unsere Kunden, da passieren die Katastrophen.

> Jeder glaubt, kommunizieren zu können

Das Problem ist: Wir verlassen uns darauf, dass unsere Kommunikation funktioniert. Wir haben etwas gesagt und das muss doch verstanden worden sein. Wir glauben, unsere Kommunikation sei sicher. Leider falsch!

Zwischenmenschliche Kommunikation ist in einem hohen Maß unzuverlässig. Aber das ist gar nicht das eigentliche Problem. Das Problem ist, dass wir glauben, sicher zu kommunizieren, und gar nicht auf dem Schirm haben, wie wir uns in die Katastrophe manövrieren.

Kommunikation ist die Basis für alles

Sie stimmen mir sicher zu, wenn ich behaupte, dass Kommunikation zu den absoluten Basiskompetenzen eines Menschen gehört. Egal, was Sie tun in Ihrem Leben, ob Sie Arbeiter, Banker oder Wissenschaftlerin sind, alles fußt letztlich auf Kommunikation. Kommunikation ersetzt natürlich kein Fachwissen, aber sie ist dafür die Basis. Sie stimmen wir weiterhin sicher zu, wenn ich sage, dass lebenslanges Lernen die Basis unserer heutigen Gesellschaft ist. Sie müssen ständig neue Dinge lernen, neue Regelungen, neue Verfahren, neue Prozesse. Aber bringen wir diese beiden Fragen doch mal zusammen: Wann haben Sie gelernt, mit anderen zu kommunizieren?

Wahrscheinlich haben Sie geantwortet: „im Mutterleib" oder „von Anfang an" oder so ähnlich. Und tatsächlich, wir kommen mit einem gewissen kommunikativen Grundrepertoire auf die Welt. Wir können schreien, wir können lächeln und wir können grunzen. (Ja, ich weiß, lächeln können wir nicht sofort – aber ziemlich schnell.) Schreien, lächeln, grunzen, das ist unser kommunikatives Starterpaket. Mehr können wir nicht – mehr brauchen wir aber auch noch nicht.

Wie sich kommunikative Kompetenz entwickelt

Bei manchen Menschen scheint es dann bei diesem Starterpaket zu bleiben, normalerweise entwickelt sich unsere kommunikative Kompetenz allerdings weiter. Mit etwa drei Jahren können wir sprechen. Und zwar so gut, dass wir auch komplexe Sätze bilden und verstehen können. Was wir mit drei aber noch nicht verstehen, ist alles, was zwischen den Zeilen steht. Wir verstehen noch keinerlei Andeutungen. Wir verstehen keine Ironie. Wir können auch nicht lügen. (Vielleicht versuchen wir es, aber das ist dann so auffällig, dass absolut jeder es bemerkt.) Das entwickelt sich etwa bis zum siebten Lebensjahr. Dann können wir lügen und wir verstehen auch Andeutungen, was natürlich noch lange nicht heißt, dass wir diese Andeutungen auch befolgen. Mit sieben haben wir also unsere kommunikative Werkzeugkiste fertig. Ein bisschen kommt dann noch in der Pubertät dazu, aber nicht viel – na ja, und natürlich jede Menge Fach- und Fremdwörter.

Aber Hand aufs Herz: Wie viel Zeit haben Sie seit Ihrem siebten Geburtstag darauf verwendet, Ihre kommunikativen Fertigkeiten weiterzuentwickeln? Wahrscheinlich sagen Sie jetzt „nicht viel". Vielleicht haben Sie das eine oder andere Buch gelesen. Vielleicht ein paar Seminare besucht. Aber wenn Sie diesen Aufwand damit vergleichen, wie viel Sie für andere lebenswichtige Erkenntnisse wie Integralrechnung oder die Heldentaten von Pippin dem Kurzen aufgewendet haben, dann sieht die Kommunikation wahrscheinlich ganz schön alt aus.

Wir tun zu wenig für unsere Kommunikation

Vielleicht sagen Sie aber auch: „Stimmt gar nicht, schließlich entwickle ich mich ständig, in jedem Gespräch weiter." Leider schon wieder falsch!

Wenn Sie zum Beispiel heute Nachmittag eine längere Autofahrt machen, sind Sie nach dieser Fahrt ein besserer Autofahrer, eine bessere Fahrerin? Nein! Zumindest nicht, wenn Sie Ihren Führerschein schon eine Weile haben. Und warum nicht? Weil Sie das tun, was Sie immer tun, wenn Sie im Auto sitzen. Sie denken überhaupt nicht über das Fahren nach und können somit auch Ihr Können nicht entwickeln, außer: Sie schaffen es, sich in einen Unfall oder zumindest in eine wirklich brenzlige Situation zu manövrieren. Wenn Sie dann (danach) mit zitternden Händen einen Parkplatz anfahren und versuchen, sich zu beruhigen – wenn Sie dann darüber nachdenken, wie es zu dieser brenzligen

Situation kommen konnte und wie Sie solche Situationen in Zukunft vermeiden können, dann entwickeln Sie sich weiter!

Aber muss es wirklich immer erst zu Katastrophen kommen, damit wir die nächste Stufe erklimmen können?

Ziel dieses Buches Egal, ob Sie dieses Buch lesen, weil Sie besser verhandeln, leichter verkaufen oder effektiver mit Konflikten umgehen wollen – in diesem Buch werden Sie erfahren, wie unsere Kommunikation funktioniert, warum wir immer wieder in Konflikte rauschen und was Sie tun können, um in Zukunft leichter das zu erreichen, was Sie erreichen wollen. Sie werden konkrete Werkzeuge kennenlernen, die Ihnen helfen, in Verhandlungen ein besseres Ergebnis zu erzielen. Sie werden verstehen, wie Konflikte entstehen und was Sie tun können, um diese Konflikte zu deeskalieren. Kurzum, Sie werden eine ganze Reihe von Werkzeugen und Techniken lernen, mit denen Sie sich schlicht und ergreifend das Leben leichter machen können.

Die sechs Säulen effektiver Kommunikation

Eigentlich ist es ganz einfach, zielgerichtet und effektiv zu kommunizieren. Wenn es schwer und kompliziert wäre, wären wir Menschen wohl schon vor einigen hunderttausend Jahren ausgestorben. Auf der anderen Seite erleben wir immer wieder Missverständnisse, Konflikte und manchmal sogar den kommunikativen Supergau.

Wenn ich in diesem Buch davon spreche, neue Techniken zu erlernen und anzuwenden, dann rede ich immer auch von diesen schwierigen Situationen. Es ergibt keinen Sinn, immer und überall „professionell" zu kommunizieren. Aber in diesen schwierigen oder herausfordernden Situationen können Sie sich eine ganze Menge Stress und Ärger ersparen, wenn Sie sich auf die sechs Säulen effektiver Kommunikation stützen.

Im ersten Schritt möchte ich Ihnen einen Überblick verschaffen, welches diese zentralen Säulen sind und was sie bedeuten. Natürlich bauen diese Säulen aufeinander auf. Deswegen werden wir danach jede Säule intensiv diskutieren und Techniken erarbeiten, wie Sie diesen Bereich meistern können. Allerdings ist jede einzelne Säule auch ein in sich abgeschlossenes Thema. Wenn Sie also wollen, können Sie direkt zu dem Kapitel gehen, das Sie im Moment am meisten interessiert, und sich mit den anderen Säulen später beschäftigen.

Die erste Säule sind die Grundlagen der Kommunikation: „Grundlagen – verstehen und verstanden werden". Das klingt vielleicht etwas banal, dennoch ist dieser Bereich einer der wichtigsten im ganzen System. Wie oft missverstehen wir uns. Wie häufig reden wir aneinander vorbei oder bemerken gar nicht, was der andere eigentlich von uns will. Der schlimmste zivile Flugunfall, 1977 auf Teneriffa, als zwei Jumbojets auf der Piste ineinander krachten und 586 Menschen ihr Leben verloren, war eine reine Kommunikationspanne. In diesem Bereich werden wir uns deshalb mit den Tücken unserer Wahrnehmung und unserer Informationsverarbeitung auseinandersetzen.

1. Säule: Grundlagen

Was können Sie tun, damit andere Sie besser verstehen (und damit auch eher das machen, was Sie wollen)? Aber natürlich geht es auch darum, was Sie bei sich tun können, um Ihre Umwelt besser zu verstehen und somit Konflikte und Missverständnisse von vornherein zu vermeiden.

Die zweite Säule heißt „Beziehungen – Schmiermittel oder Bremsklotz". Es ist schon komisch: Normalerweise machen wir uns Gedanken über Argumente oder irgendwelche rhetorischen Tricks, mit denen wir unser Gegenüber beeinflussen können. Und jetzt kommt, lange davor, dieses Beziehungsmanagement. In diesem Bereich wird deutlich, welche Auswirkung die Beziehung zwischen den Akteuren auf das Gelingen der Kommunikation hat. Und natürlich geht es hier darum, was Sie ganz konkret tun können, um Beziehungen zielgerichtet zu steuern.

2. Säule: Beziehungen

Erfolgreiche Kommunikation

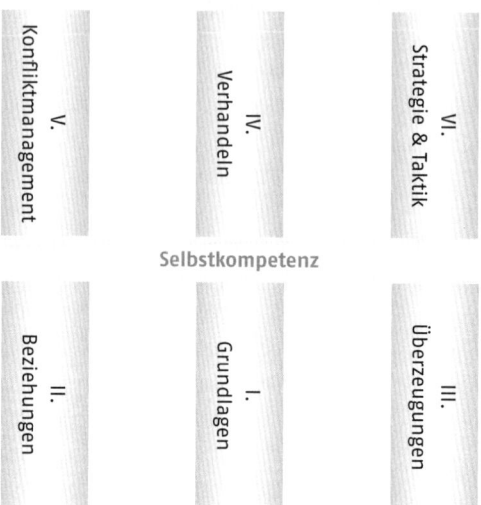

V.
Konfliktmanagement

IV.
Verhandeln

VI.
Strategie & Taktik

Selbstkompetenz

II.
Beziehungen

I.
Grundlagen

III.
Überzeugungen

Herausfordernde Situationen

Das Gebäude der effektiven Kommunikation

3. Säule: Überzeugen

Die dritte Säule heißt „Überzeugen – oder wofür mache ich das eigentlich?". Selbstverständlich geht es uns allen auch um ein harmonischeres Miteinander. Auch! Auf der anderen Seite haben wir natürlich Ziele und Interessen, und die wollen wir möglichst durchsetzen. In diesem Kapitel geht es deshalb darum, wie Sie Ihre Argumente gut aufbauen. Wie Argumentation und Überzeugung überhaupt funktionieren und wie Sie das Gehirn Ihres Gegenübers nutzen, um wirklich zu überzeugen, anstatt nur zu überreden.

Wenn Sie diese ersten drei Säulen meistern, haben Sie schon sehr viel erreicht. Sie sind in der Lage, sich selbst kompetent zu steuern. Sie wissen, wo die Risiken lauern, kennen aber auch die Stärken, die Sie nutzen können.

Auf dieser Basis können wir nun aufbauen. Wir können die zweite Etage mit den drei verbleibenden Säulen erobern. Während in der ersten Etage noch Sie selbst die Hauptperson sind, geht es im zweiten Stockwerk um den anderen oder, noch besser, um die Interaktionen und wechselseitigen Beeinflussungen zwischen Ihnen und Ihrem Gesprächspartner.

Auch die zweite Etage umfasst wieder drei Säulen. Es geht los mit dem Abschnitt „Verhandeln – Ausgleich oder mit dem Kopf durch die Wand". Natürlich können wir in diesem Buch das Thema „Verhandeln" nur streifen, Sie erhalten in diesem Kapitel dennoch einen Überblick und einige sehr wirkungsvolle Werkzeuge, die Ihnen helfen, dauerhaft tragfähige Ergebnisse zu erzielen. **4. Säule: Verhandeln**

Das Leben ist kein Ponyhof und es läuft nicht immer alles harmonisch. Deswegen beschäftigt sich die fünfte Säule mit Konflikten. Wie entstehen Konflikte, was sind ihre Ursachen, aber vor allem: Was können Sie tun, um in Konflikten konstruktiv die Kuh vom Eis zu kriegen? **5. Säule: Konflikt-management**

Die sechste Säule schließlich heißt „Strategie und Taktik". Man kann nach Paul Watzlawick nicht nicht kommunizieren. Eigentlich ein abgegriffenes Thema, und doch: Wie schwer fällt es uns, andere zu kritisieren oder aber auch selbst kritisiert zu werden? Wie häufig ist letztlich die Scheu vor Konflikten oder die Angst, den anderen zu verletzen, der Grund, Dinge hinzunehmen oder zu schlucken! Wenn wir also zwangsläufig kommunizieren, egal, ob wir das wollen oder nicht, dann ist es doch sinnvoll, sich darüber Gedanken zu machen, wie dieses Feedback möglichst effektiv gestaltet werden kann. Natürlich ist das **6. Säule: Strategie und Taktik** nicht das einzige Thema, mit dem wir uns im Bereich „Strategie und Taktik" auseinandersetzen werden.

Ein zweiter Bereich dreht sich um die viel gerühmten Win-win-Lösungen. Gibt es so etwas überhaupt? Und wenn ja, was wären geeignete Schritte und Methoden, um solche Gewinner-Gewinner-Ergebnisse zu erzielen?

Sie sehen also: Jede Säule ist ein Themenbereich für sich. Aber bitte denken Sie daran, wenn Sie jetzt gleich zu einem bestimmten Kapitel springen wollen: Alles steht und fällt mit einem starken Fundament. Und dieses Fundament und damit die Basis und die Voraussetzung für alle Techniken und Taktiken in diesem Buch sind nun mal die Grundlagen der ersten Säule.

Säule I

Grundlagen – verstehen und verstanden werden

Lassen Sie uns einen kleinen Test machen. Sie lesen gleich eine kurze Geschichte. Nichts Besonderes, vier Sätze. Danach stelle ich Ihnen Aussagen zu dieser Geschichte vor. Einfache Aussagen. Sätze, die Sie mit „Stimmt, das ist gesagt worden", „Stimmt nicht, da ist etwas anderes gesagt worden" oder „Weiß nicht, darüber ist nichts gesagt worden" kommentieren können. Was meinen Sie: Wie viel Prozent der Aussagen schätzen Sie richtig ein? Lassen Sie es uns probieren. Gleich kommt die Geschichte, dann ein paar erklärende Gedanken und auf der nächsten Seite finden Sie die Sätze dazu (Nein, nicht jetzt schon nach den Aussagen schauen!).

Bereit? Okay:

Ein Geschäftsmann hat gerade die Lichter in seinem Laden gelöscht, als ein Mann erscheint und Geld verlangt. Der Eigentümer öffnet eine Registrierkasse. Der Inhalt der Registrierkasse wird zusammengerafft, und der Mann rennt schnell weg. Ein Polizist wird sofort benachrichtigt.

Halt, noch nicht zu den Aussagen! Geben Sie es zu: Das war nicht sehr viel Inhalt, oder? Die meisten Mails, die Sie bekommen, dürften mehr Inhalt haben. Das waren auch keine Schachtelsätze. Die Hälfte hatte noch nicht einmal ein Komma. Außerdem haben Sie Idealbedingungen. Sie wissen, worum es geht. Sie wissen, dass ich Ihnen gleich einige Aussagen zu der Geschichte nennen werde. Ansonsten geht es um nichts. Kein Risiko, nichts steht auf dem Spiel. Echte Idealbedingungen. Wirklich? Schaun wir mal ...

Die Aussagen:

Stimmt	Stimmt nicht	Weiß nicht	
			Ein Mann erschien, nachdem der Eigentümer die Lichter seines Geschäfts ausgemacht hatte.
			Der Räuber war ein Mann.
			Der Mann, der die Registrierkasse öffnete, war der Eigentümer.
			Der Ladenbesitzer raffte den Inhalt der Registrierkasse zusammen und rannte weg.
			Nachdem der Mann, der das Geld gefordert hatte, den Inhalt der Registrierkasse zusammengerafft hatte, rannte er weg.
			Die Registrierkasse hat Geld beinhaltet, aber die Geschichte sagt nicht, wie viel.

Und, wie viel haben Sie richtig und wie viel haben Sie falsch?

In meinen Vorträgen benutze ich eine ähnliche Geschichte, aber nur drei Aussagen. Das Ergebnis? Vier Sätze, drei Aussagen, keine Übereinstimmung – und das unter Idealbedingungen.[1]

---

1   Die richtigen Antworten finden Sie hinten vor den Literaturempfehlungen.

Sender und Empfänger

Ein entscheidender Schlüssel zum Verständnis, wieso zwischen Menschen oft genug alles schiefläuft, liegt im Wesen der zwischenmenschlichen Kommunikation an sich, im Zusammenspiel von Wahrnehmung und Interaktion. Sprache ist nämlich nicht eindeutig, sondern sie durchläuft auf ihrem Weg vom Sender zum Empfänger mehrere Filter und Veränderungsprozesse.

Filter der Wahrnehmung

Informationen und Reize unserer Umwelt treffen nicht eins zu eins auf unser Bewusstsein. Sicher kennen Sie Sätze wie „Der sieht auch nur, was er sehen will" oder „Die sieht das alles durch die Marketingbrille".

Filter gegen die Informationsflut Unsere Umwelt bietet uns schon in alltäglichen Situationen eine unglaubliche Menge an Informationen. Damit wir bei dieser Reiz- und Informationsfülle handlungsfähig bleiben, ist unser Gehirn mit einer erstaunlichen Fähigkeit ausgestattet: Das Gehirn selektiert, bewertet und vorverarbeitet nämlich sämtliche eingehenden Informationen, bevor es sie in unser Bewusstsein gelangen lässt. Vergleichbar mit einem Spam-Filter sortiert das Gehirn einen Großteil aller eingehenden Informationen und Reize als unbedeutend aus. Wir nehmen diese Informationen dann nicht mehr (bewusst) wahr. Das Problem bei einem Spam-Filter ist ja nun aber, dass öfter auch Informationen gefiltert werden, die wichtig sind oder auf die der Empfänger sehnsüchtig wartet. Na ja, und genauso ist es mit unserer Wahrnehmung.

Die wichtigsten Wahrnehmungsfilter lassen sich in drei Gruppen einteilen:

Typische Wahrnehmungsfilter

- *Biologische Filter*
  Wir sehen nur einen bestimmten Teil des Lichtspektrums; wir hören nur einen bestimmten Teil der Schallwellen und auch unser Empfinden ist auf einen bestimmten Bereich beschränkt.

- *Filter der Vorerfahrungen*
  Unsere Wahrnehmung wird zum Beispiel durch unsere bisherige Ausbildung beeinflusst. Ein Architekt wird eine Altstadt anders wahrnehmen als ein Polizist.

- *Filter des Interesses*
  Wir nehmen nur wahr, was wir wahrnehmen wollen, was uns interessiert.

Verzerrungen

Verzerrungen sind die Prozesse der Wahrnehmung, bei denen die ursprüngliche Bedeutung der Information verändert wird. So wird einer Information eine unangemessen hohe oder niedrige Bedeutung zugeordnet. Am bekanntesten dürften hier das „Schönreden" oder das „Madigmachen" sein. Aber auch viele rational nicht begründbare Ängste lassen sich den Verzerrungen zuordnen.

Klassische Verzerrung: verliebt sein

Im Seminar erzähle ich oft von meiner Lieblingsverzerrung, die Sie hoffentlich alle kennen: verliebt sein! Verliebt sein ist eine Globalverzerrung. Wenn zwei Menschen wirklich verliebt sind, dann können sie im Herbst bei Nieselregen vorm Schlachthof sitzen und werden diese Situation wahrscheinlich trotzdem noch als unglaublich romantisch wahrnehmen. Da muss das Gehirn ganz schön was leisten.

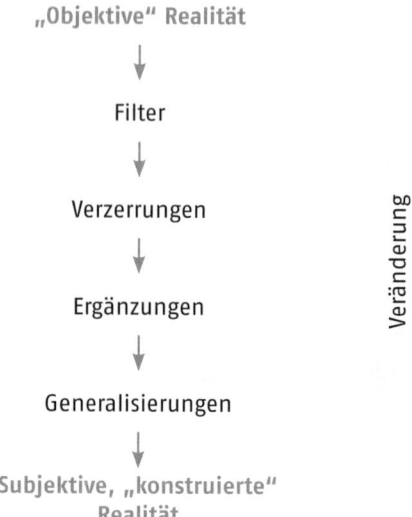

Selektive Wahrnehmung

Eine ähnliche, aber nicht ganz so romantische Verzerrung aus dem Vertrieb ist die Einstellung: „Kunden kaufen nur noch über den Preis." Natürlich wissen wir, dass diese Aussage, wenn überhaupt, nur teilweise der Realität entspricht. Wie sonst lassen sich Premiumanbieter oder Hochpreisprodukte erklären? Wir wissen aber auch, dass diese Wahrnehmung bei dem betreffenden Verkäufer durchaus real ist und sich im Alltag auch immer wieder bestätigt.

Ergänzungen

Was nicht passt, wird passend gemacht. Der menschliche „Wahrnehmungsprozessor" strebt nach Konsistenz, also nach innerer Logik, Stimmigkeit und Struktur. Nun kommt es immer wieder vor, dass Informationen unvollständig oder nicht zusammenhängend ankommen. Sind diese Inkonsistenzen groß genug, werden sie bewusst. Wir wissen, dass wir da wohl etwas nicht mitbekommen haben.

Häufig jedoch fällt uns entweder gar nichts auf oder wir versuchen uns zu erinnern: „Wie war das noch ...?" Das Gehirn schaltet nun so etwas wie eine „Auto-Repair-Funktion" ein, die Unklarheiten repariert oder beseitigt. Diese Funktion fügt scheinbar passende Bruchstücke ein. Das ist auch gut so, denn wir können gar nicht ununterbrochen aufmerksam sein. Auch Buchstaben oder Worte, die in einem Text (wiederholt) fehlen, werden so ergänzt. Besonders kreativ ist unser Gehirn, wenn Zusammenhänge scheinbar unlogisch sind oder nicht zusammenpassen. Hier geht das Gehirn teilweise so weit, Informationen völlig neu zu erschaffen.

Im Alltag leistet uns diese Funktion oft gute Dienste. Sie hat nur einen gravierenden Haken: Das Gehirn kennzeichnet nicht, was es verändert oder ergänzt. Wir können also nicht zwischen echter Information und subjektiver Veränderung unterscheiden und könnten Stein und Bein schwören, dass ...

Generalisierungen

Kennst du einen, kennst du alle. In vielen Situationen haben wir gar nicht die Zeit, bewusst abzuwägen oder alle Aspekte einer Situation zu erfassen. Wir müssen schnell entscheiden, wie wir einem Menschen oder einer Situation begegnen. Diese Entscheidungen treffen wir aufgrund vorgefasster Raster und Vorannahmen. Wir packen also alles in Schubladen. Der Vorteil dieser Strategie liegt darin, dass wir uns extrem schnell an neue Situationen anpassen können. Der Nachteil liegt darin, dass eine einmal angenommene Einstellung die Tendenz hat, sich selbst zu bestätigen und zukünftige Informationen zu überlagern, auch wenn diese neuen Informationen der Einstellung widersprechen.

Sicher kennen Sie den Effekt des ersten Eindrucks. Auch wenn neue und andere Informationen eintreffen, die eine andere Einstellung begründen würden, bleibt der erste Eindruck lange einstellungs- und damit handlungsbestimmend.

Genau auf diese Weise entstehen Vorurteile. Am Anfang ist das sehr sinnvoll. Sie lernen einen Menschen kennen und müssen jetzt schnell eine Reihe von Entscheidungen treffen, zum Beispiel, wie Sie diesen Menschen anreden, wie Sie mit ihm umgehen und so weiter. Alle diese Entscheidungen treffen Sie, bevor Sie es eigentlich können. Sie treffen also ein Urteil ohne fundierte Informationen, bevor Sie ein Urteil eigentlich treffen könnten. Deswegen heißt das dann ja auch Vor-Urteil.

Leider treffen diese Vorurteile nun sehr oft auf unseren Energiesparmodus. Wir Menschen sind nämlich extrem ökologische Systeme, die sehr verantwortungsvoll mit ihren Ressourcen, also zum Beispiel ihrer Energie, umgehen. Und Denken ist nun mal ein sehr energieintensiver Prozess. Das Gehirn verbraucht etwa 25 Prozent der gesamten Energie des Körpers bei nur etwa 3 Prozent der Masse. Was liegt da also näher, als einmal gewonnene Einstellungen zu behaupten und zu verteidigen?

Nimmt man all diese Faktoren zusammen, wird deutlich, dass es in unserem Bewusstsein so etwas wie eine objektive Realität nicht geben kann. Wahrnehmung und damit Realität ist hochgradig selektiv und subjektiv. Missverständnisse und Konflikte sind mithin zu erwarten und entstehen häufig aus einer „Kommunikation im Zustand des Unverständnisses".

■ Kommunikation ist hochgradig unzuverlässig.
■ Wahrnehmung ist subjektiv und selektiv.

Damit haben Sie die erste und gleichzeitig eine der wichtigsten Lektionen der Kommunikationspsychologie erfahren:

Kommunikationscontrolling

Wir müssen einsehen, dass zwischenmenschliche Kommunikation extrem unsicher ist. Und dabei ist diese Unsicherheit gar nicht das Problem. Das Problem ist, dass wir glauben, sie sei sicher. Wir gehen immer davon aus, dass wir uns doch verstehen müssten, bloß weil wir miteinander reden. Ich bin überzeugt: Würden wir uns nur der Unsicherheit unseres Werkzeugs „Kommunikation" bewusst sein – wir hätten die meisten Probleme schon vom Tisch. Wir würden in kritischen Situationen schlicht und einfach vorsichtiger sein. Wir würden in Konflikten in Betracht ziehen, dass wir vielleicht gar keinen echten Konflikt haben. Der andere versteht uns einfach nicht. Oder wir verstehen ihn nicht. Wir würden vorsichtiger sein und besser aufpassen und Sie wissen: Wenn man besser aufpasst und vorsichtiger ist, dann passiert halt auch weniger.

Sie haben nun gelernt, dass Kommunikation unsicher ist. Hm, ich weiß nicht, wie es Ihnen ginge. Sie sitzen in einem Flugzeug und Ihr Pilot macht eine Ansage, dass auch er gerade zu dieser Erkenntnis gelangt ist. Wie behaglich wäre es Ihnen, wenn Sie an die bevorstehende Landung denken? Im Flugzeug wären Missverständnisse blöd. Deshalb gibt es dort ein Verfahren, das sich „Closed Loop Principle" nennt, das Prinzip der abgeschlossenen Schleife. Piloten machen nichts ohne Check und Gegencheck. Jede Anweisung wird überprüft und zurückgelesen. Übrigens ist dieses Verfahren in den meisten risikobehafteten Bereichen üblich.

Check und Gegencheck

Im normalen Leben ist es aber doch etwas mühsam, jede Äußerung zurückzuspiegeln. Auf der anderen Seite: In einer Studie sind Beschäftige mittelständischer Unternehmen befragt worden, ob sie wirklich wissen, was ihr Vorgesetzter von ihnen erwartet. Über 70 Prozent haben gesagt: „Nein."

Im Prinzip ist alles, wie immer, ganz einfach: Hören wir auf damit, uns vorzumachen, wir wüssten, was der andere meint oder denkt. Wenn Sie eine Reaktion nicht verstehen, fragen Sie nach: „Was genau haben Sie verstanden?" Wenn Sie merken, dass Sie sich über irgendetwas ärgern, fragen Sie: „Verstehe ich Sie richtig, Sie möchten ...?" Sie werden überrascht sein, wie häufig Sie auf diese Weise Missverständnisse ausräumen können.

Die Bedeutung einer Kommunikation zeigt sich in der Reaktion des Empfängers.

Menschliches Verhalten ist (psycho-)logisch Dieser Satz ist die Übertragung des Closed Loop Principle auf das normale Leben. Anders ausgedrückt: Wenn ich Ihnen etwas Nettes sage und Sie darauf aggressiv reagieren, dann war die Bedeutung meiner Kommunikation sicher kein Kompliment. Dabei ist es leider völlig egal, was ich gesagt oder gemeint habe – irgendetwas kam bei Ihnen an, was Sie als Provokation oder vielleicht sogar als Beleidigung aufgefasst haben.

Menschliches Verhalten ist immer (psycho-)logisch. Wenn Sie also eine überraschende Reaktion wahrnehmen, können Sie sich fragen, was der andere gehört haben muss, damit seine Reaktion einen Sinn ergibt.

Notfall-Checkliste:

- Was hat der andere gerade gehört?
- Was habe ich gerade gehört?
- Bin ich bereit, 5.000 Euro zu wetten, dass er das auch so gemeint hat?

Haben Sie es schon erlebt, dass Sie irgendetwas sagen und Ihr Gegenüber völlig ausrastet? Oder Sie schreiben eine Mail und bekommen eine Antwort, bei der Sie sich nur noch ratlos fragen: Was hab ich denn jetzt schon wieder gemacht? Was hat der andere jetzt gehört oder gelesen? Mit ein bisschen gutem Willen und gesundem Menschenverstand werden Sie sicher drauf kommen. Und wenn dieser Mensch nun etwas ganz anderes verstanden hat, als Sie gemeint haben? Dann entschuldigen Sie sich und klären das Missverständnis.

Was hat der andere gehört?

Den umgekehrten Fall kennen Sie sicher auch? Jemand sagt etwas zu Ihnen und Ihr Stammhirn kommt von hinten angeschossen und möchte ihn am liebsten vernichten. Jetzt brauchen Sie zwei Fragen:

Was wetten Sie darauf, dass Sie recht haben?

1. Was habe ich jetzt gerade gehört? Das ist einfach. Das ist die gleiche Frage wie eben, nur andersherum. Die zweite Frage ist etwas komplizierter:
2. Bin ich bereit, 5.000 Euro zu wetten, dass er das auch so gemeint hat? Die Summe kommt nicht von ungefähr. Ich habe eine Summe gewählt, die Sie wahrscheinlich irgendwie aufbringen können, aber es tut weh. Falls 5.000 Euro kein Problem für Sie sind, hängen Sie einfach noch eine oder zwei Nullen dran. Es muss wehtun!

Wenn Sie jetzt aus voller Überzeugung sagen „Ja, auf jeden Fall. Und ich würde sogar noch verdoppeln", dann lassen Sie den Konflikt von mir aus eskalieren. Wenn aber Ihre innere Stimme sagt „Könnten wir vielleicht mit 12,50 Euro anfangen?", dann würde es sicher nicht schaden, noch mal nachzufragen, oder?

In einem zweiten Schritt können Sie damit beginnen, sich über Ihr persönliches Filterset Gedanken zu machen. Fangen Sie bei Ihren Grundfiltern an. Wenn Sie ein Mensch sind, der fast immer gut gelaunt ist, der in den schwierigsten Situationen immer noch etwas Positives findet und den andere gern als Sonnenkind oder Berufsoptimisten bezeichnen, dann haben Sie wahrschein-

Welches Filterset haben Sie?

lich ein positives Grundfilterset. Sie filtern alle Informationen aus, die Ihnen nicht in den Kram passen. Alle Informationen, die Ihren Optimismus beeinträchtigen und die Sie vielleicht zu einer etwas „realistischeren" Wahrnehmung bringen würden, werden von Ihnen konsequent getilgt. Sie machen damit übrigens das Gleiche wie ein Pessimist. Sie sehen nur, was Sie sehen wollen. Wenn Sie jetzt allerdings der Meinung sind, dass der optimistische Zugang mehr Spaß und Lebensqualität bringt, dann haben Sie wahrscheinlich recht.

Jetzt wissen Sie, ob Sie eher ein positives Filterset oder eher ein negatives Filterset haben, also ob Sie eher Chancen und die schönen Seiten wahrnehmen oder eher Risiken und Schwierigkeiten. Beides hat Vor-, aber eben auch Nachteile. Und wenn Sie mögen, können Sie darüber nachdenken, wie Sie sich die Vorteile der anderen Seite nutzbar machen können.

Worauf reagieren Ihre Mitmenschen? Natürlich müssen Sie sich nicht damit begnügen, über Ihr Filterset nachzudenken. Analysieren Sie doch die Menschen in Ihrer Umgebung. Was fällt diesen Menschen auf? Worauf reagieren sie? Entdecken Sie Muster?

Übung 1: Kommunikationscontrolling

Finden Sie einen Partner, mit dem Sie diese Übung machen möchten. Bitten Sie diesen Partner, Ihnen folgende Fragen zu beantworten:

- Bin ich eher ein Sonnenkind? Blende ich eher Schwierigkeiten und Probleme aus? Wird das manchmal für meine Umwelt anstrengend?
- Bin ich eher ein Pessimist? Blende ich eher Chancen und positive Details aus? Wird das manchmal für meine Umwelt anstrengend?
- Nenn(en Sie) mir drei Dinge oder Aktionen, die mir ständig ins Auge stechen, obwohl sie eigentlich gar nicht so wichtig oder bedeutsam sind.

- Gibt es drei Dinge oder Aktionen aus der Umwelt, die mir selbst nie auffallen, obwohl sich andere vielleicht sogar freuen würden, wenn ich das einmal bemerken würde?

Übung 2: Kommunikationscontrolling

Nehmen Sie sich an einem Abend ein paar Minuten Zeit und beantworten Sie sich folgende Fragen. Beantworten Sie dabei die erste Frage ganz spontan und ohne groß zu überlegen. Sobald Sie ins Stocken geraten, gehen Sie zu den nächsten Fragen.

1. Woran erinnere ich mich vom heutigen Tag?
2. Sind diese Erinnerungen eher positiv, neutral oder waren das unangenehme Situationen?
3. Was ist mir heute Positives widerfahren? (Das können auch Kleinigkeiten wie das Lächeln des Busfahrers sein.)
4. Wofür kann ich heute dankbar sein?
5. Woran möchte ich mich vom morgigen Tag erinnern?

Sie haben natürlich sofort bemerkt, dass dies eine Fortsetzung der letzten Übung ist. Bei beiden Übungen geht es letztlich darum, etwas über sich selbst zu lernen. Persönlich finde ich ein Leben als Optimist (also mit einem Filterset, das Schwierigkeiten tendenziell ausblendet) deutlich angenehmer. Deswegen möchte ich Ihnen die beiden Fragen „Wofür kann ich dankbar sein?" und „Woran möchte ich mich morgen erinnern?" besonders ans Herz legen. Aber Obacht! Wenn Sie sich diese Fragen eine Zeit lang jeden Abend stellen und wenn Sie dann Ihre Antworten auch noch notieren – könnte es sein, dass sich Ihre Grundhaltung zum Leben ändert. Also sagen Sie nachher nicht, ich hätte Sie nicht gewarnt!

Übung 3: Kommunikationscontrolling

Sehen Sie gemeinsam mit einem Partner einen Film an. Machen Sie sich danach Notizen darüber, woran Sie sich erinnern und wie Sie das, was Sie gesehen haben, deuten.

Tauschen Sie sich dann über Ihre Notizen aus. Versuchen Sie, so viel wie möglich über die Wahrnehmungen und Erinnerungen Ihres Partners herauszufinden.

Achten Sie darauf, dass Sie nicht darüber diskutieren, wer recht hat. Wahrnehmung ist das, was wir für wahr nehmen, und nicht das, was wahr ist. Wenn es das wäre, was wahr ist, dann würde es Wahr-istung heißen.

Sicherheit ausstrahlen

Sicher haben Sie längst bemerkt, dass es bei der ersten Säule, „Grundlagen – verstehen und verstanden werden", um viel mehr geht als um das reine gesprochene Wort. Sie wissen inzwischen auch längst, dass wir sowohl verbal kommunizieren, also mit Worten, als auch nonverbal, also mit unserer Körperhaltung, dem Klang der Stimme und der Betonung unserer Aussagen. So simpel, wie es klingt, ein ganz zentraler Punkt in dieser ersten Säule ist, ob man Ihnen das, was Sie sagen, auch abnimmt. Wirken Sie sicher oder verunsichert?

Glaubt man Ihnen? Natürlich glaubt man Ihnen eher, wenn Sie Sicherheit ausstrahlen, während Unsicherheit regelmäßig als Schwäche gewertet wird, aus der Ihr Gegenüber bewusst oder unbewusst versuchen könnte, seinen Vorteil zu ziehen. Im Folgenden finden Sie daher die wichtigsten Signale, die Sicherheit oder eben Unsicherheit kommunizieren.

Körpersprache

Das Wasser hat 23 Grad. Diese Aussage ist ziemlich eindeutig und bietet sehr wenig Raum für Interpretationen. Oft ist das anders. „Meinst du das ernst?" – bei solchen uneindeutigen Äußerungen geht bis zu 85 Prozent der Wirkung aus dem nichtsprachlichen Ausdruck hervor. Worte sagen (auf der Sachebene) etwas aus. Vielleicht sagen Körperhaltung oder Stimmführung etwas anderes (gemischte Botschaften). Diese Diskrepanz zwischen Körpersprache und Sachaussage nehmen die meisten Gesprächspartner wahr. Sie bemerken, dass etwas „unrund" ist, wenngleich sie häufig nicht benennen können, woran es liegt. Damit beeinflusst der nichtsprachliche Ausdruck stark, ob Ihre Aussagen geglaubt und wie sie auf der Beziehungsebene verarbeitet werden.

Er tänzelt nervös von einem Bein aufs andere. Oder: Sie steht fest mit beiden Beinen im Leben. Beides drückt aus, worum es bei einer sicheren Körperhaltung geht. Sorgen Sie dafür, dass Sie einen festen Stand haben, beziehungsweise setzen Sie sich aufrecht hin. Beseitigen Sie alles, was Sie einschränkt oder behindert. Vermeiden Sie verspannungsfördernde Haltungen. Geben Sie dem Drang, in langen Sitzungen Ihre Sitzhaltung häufiger zu ändern, ruhig nach. Achten Sie aber auf einen möglichst geraden Rücken. Nehmen Sie die Schultern nach hinten.
Haltung und Auftreten

Wenn ich Angst vor Ihnen habe, schaue ich Sie nicht an. Fehlender Blickkontakt oder häufiges „Dem Blick ausweichen" wird vom Unterbewusstsein Ihres Gegenübers als starkes Unsicherheitssignal wahrgenommen. Sehen Sie Ihren Gesprächspartner an und schauen Sie ihm in die Augen. Tun Sie das freundlich und lächeln Sie. Fixieren Sie Ihren Partner jedoch nicht. Ununterbrochener Blickkontakt wird als „stierend" oder „bohrend" empfunden.
Blickkontakt – Lächeln

Gestik Größer als die Gefahr, zu viel zu gestikulieren, ist das Risiko, Gesten krampfhaft unterdrücken zu wollen. Unterdrücktes Gestikulieren erschwert nachweislich Denken und Sprechen und es kommt häufiger zu Fehlern. Lassen Sie Ihre Gestik also ruhig zu. Achten Sie aber auf eine offene Körperhaltung. Wenn Sie Sicherheit ausstrahlen wollen, sind verschränkte Arme oder Beine genauso kontraproduktiv wie ein krummer Rücken.

Sitzordnung Die Sitzordnung sollte Zuwendung und Blickkontakt unter allen Beteiligten ermöglichen, gleichzeitig aber Distanzzonenverletzungen (siehe unten) möglichst vermeiden. Für das Zweiergespräch eignet sich die „Über-Eck-Ordnung" am besten. Bei größeren Gruppen sollten alle möglichst gleichmäßig um den Tisch verteilt werden, einem „Runden Tisch" nachempfunden. Vermeiden Sie konfrontatives frontales Gegenübersitzen!

Raum behaupten Kennen Sie das Gefühl, dass Ihnen jemand auf die Pelle rückt? Das Durchbrechen persönlicher Distanzzonen provoziert häufig ein Zurückweichen des Gesprächspartners, sowohl auf der körperlichen als auch auf der inhaltlichen Ebene. Achten und respektieren Sie deshalb die Distanzzonen Ihres Gesprächspartners. Achten Sie aber vor allem darauf, dass Sie nicht zurückweichen, wenn Ihr Partner Ihre Distanzzonen unterschreitet. Wenn Sie Sicherheit zeigen wollen, ist es im wahrsten Sinne des Wortes wichtig, Stellung zu beziehen. Behaupten Sie Ihre Position, auch wenn der andere Ihnen zu nahe kommt. (Unbewusstes) Zurückweichen ist ein extrem starkes Unsicherheitssignal. Dabei ist es häufig so, dass wir gerade durch dieses Signal unsere Hackordnung im Gespräch definieren.

Leider sind diese Distanzzonen nicht standardisiert. Verschiedene Menschen haben unterschiedliche Distanzen. Selbst beim einzelnen Menschen differieren diese Entfernungen. Wenn Sie zum Beispiel müde oder krank sind, brauchen Sie größere Distanzen. Als grobe Richtschnur können Sie sich aber an folgenden Werten orientieren:

- *Gesellschaftliche Distanz*: etwa zwei Meter – innerhalb dieses Kreises haben wir das Gefühl, Teil einer Gruppe zu sein.
- *Handschlagdistanz*: 80 Zentimeter bis 1,50 Meter – diesen Abstand brauchen wir, um das Gefühl zu haben, mit einer bestimmten Person im direkten Kontakt zu stehen. Falls Ihr Partner eine kleinere Handschlagdistanz hat als Sie, wird er Ihnen tendenziell zu nahe kommen. Das bedeutet aber nicht zwingend, dass er Sie unter Druck setzen möchte.
- *Intime Distanz*: weniger als 60 Zentimeter – hier haben nur noch sehr ausgewählte Menschen etwas zu suchen. Gehören Sie nicht zu diesem Kreis, dann wird Ihr Eindringen sicher als grenzverletzend und provozierend erlebt. Es ist durchaus wahrscheinlich, dass Sie eine aggressive Reaktion oder ein Fluchtverhalten beim anderen hervorrufen.

Keine Hände im Gesicht

Viele dieser Signale wirken auf einer unbewussten Ebene. Es ist daher wichtig, dass wir hier nicht von entspannten Plaudereien unter Freunden reden, sondern von Situationen, die kritisch sind und in denen viel auf dem Spiel steht. Und in eben diesen Situationen tun Sie sich mit bestimmten körpersprachlichen Mustern keinen Gefallen. Achten Sie darauf, dass Sie nie die Hand vorm Mund haben, wenn Sie reden. Dieses „Ans Kinn fassen" kann Konzentration bedeuten – in Verhandlungen wird es aber eher als „Etwas nicht sagen wollen" oder als Eingeschüchtertsein übersetzt. Also: Hände raus aus dem Gesicht!

Sprache

Stimmlage

Unter Stress und Anspannung neigt fast jeder dazu, in einer etwas höheren Stimmlage zu sprechen. Der Grund dafür ist einfach: Der ganze Körper ist angespannt und diese Spannung überträgt sich auch auf die Stimmbänder, deswegen wird die Stimme etwas höher. Dies wird von den Zuhörern jedoch, je nach Kontext, entweder als Zeichen von Unsicherheit oder als Zeichen von Aggressivität gedeutet.

Um unter Stress nicht zu hoch zu sprechen, ist es wichtig, erst einmal seinen individuellen Hauptsprechtonbereich kennenzulernen und wahrzunehmen. Das ist die Voraussetzung dafür, dass Sie bemerken, wenn Ihre Stimme nach oben rutscht. Achten Sie aber auch mal bei Ihren Gesprächspartnern auf Veränderungen in der Stimmlage. Sorgen Sie für entspannte Gesprächsphasen. In diesen stressfreien, entspannten Situationen können Sie sich auf Ihren Partner einstellen. Fast so, wie man ein Messgerät kalibriert. Jetzt müssen Sie nur noch warten, bis Ihr Gegenüber diese Stressfrei-Tonlage verlässt. Könnte es sein, dass seine Position an dieser Stelle schwach ist?

Sie müssen nicht unbedingt versuchen, schneller oder langsamer zu sprechen. Sie sollten aber unbedingt darauf achten, ausreichend Pausen zu machen. Der Eindruck zu schnellen Sprechens wird meist durch einen Mangel an Sprechpausen hervorgerufen.

Als Faustregel für eine sichere Stimme können Sie sich merken: etwas langsamer – etwas tiefer – etwas lauter.

Verbalstil statt Nominalstil Nominalisierung nennt man, was entsteht, wenn Sie aus einem Verb (Tätigkeitswort) ein Nomen (Hauptwort) machen. Aus „fahren" wird „die Fahrt". Klingt undramatisch? Wenn Sie mehrere Nominalisierungen verwenden, entstehen Sätze wie „Bei der Begehung des Parks wird die Befragung eines Architekten in Erwägung gezogen" oder „Die Erfüllung der Pflicht hilft bei der Erreichung der Zielvorgabe". Vermeiden Sie allzu viele Hauptwörter, vor allem solche auf -ung. Verwenden Sie, wenn möglich, Verben. Ihr Stil wird knapper und lebendiger.

Nominal: Die Durchführung gestaltet sich schwierig.
Verbal: Das lässt sich schwer durchführen.

Stehen Sie zu dem, was Sie sagen wollen – vermeiden Sie Konjunktive und Leer- oder Füllfloskeln! Der Konjunktiv (könnte, dürfte, müsste, sollte) ist im Deutschen die Höflichkeitsform, aber eben auch die Möglichkeitsform: „Würden Sie mir einen Kaffee holen?" „Nein!" **Kein Konjunktiv**

Kurz
Und
Sehr
Simpel

Viele Menschen verfallen unter Stress in etwas, das man am ehesten als Oberlehrer-Schriftsprache bezeichnen könnte. Die Sätze werden unglaublich kompliziert und gewunden. Doch: „Wer Wichtiges zu sagen hat, macht keine langen Sätze." Gewöhnen Sie sich an eine einfache, klare Sprache. Vermeiden Sie ein Übermaß an Fremdwörtern genauso wie überkomplexe, verschachtelte Sätze. Es geht nicht darum, den Literaturnobelpreis zu bekommen, sondern darum, in einem Gespräch Ihr Ziel zu erreichen.

Drücken Sie sich also einfach aus. Schachtelsätze sind ein Zeichen von Unsicherheit. Lügner reden mehr, weiß man aus der forensischen Psychologie. Sprechen Sie so, wie Sie sind. Nur dann sind Sie auch glaubwürdig.

Stellen Sie sich vor, Sie sitzen mit einem Bekannten im Café und diskutieren über ein Thema. Das ist Ihre normale Sprache. Benutzen Sie sie. Menschen haben ein erstaunliches Gespür für Inkongruenzen, sie merken, wenn das, was Sie sagen, nicht zu der Art passt, wie Sie es sagen. Und das macht natürlich skeptisch.

Aktive Sätze verlangen aktive Verben. Im Schriftverkehr und in Reden aber wuchert das Passiv. Niemand tut etwas, alles „wird getan". **Aktiv formulieren**

Passiv: Es wird ein Angebot ausgearbeitet.

Aktiv: Wir arbeiten gerade ein Angebot für Sie aus.

Sprechen Sie aktiv und sagen Sie, was Sie wollen.

Keine Weichmacher „Sprachlenor" wäscht Sprache weich und nimmt Ihrer Aussage den Gehalt.

Vermeiden Sie Wörter wie „eigentlich", „vielleicht", „irgendwie" oder zu viele „Ähms". Achten Sie aber auch auf bestimmte Reizworte wie „müssen", „dürfen", „aber", „immer" oder „nie".

Wichtig ist, sich immer bewusst zu machen, dass keine dieser Signale, weder die sprachlichen noch die körpersprachlichen, an sich schlecht sind. Es kommt immer darauf an, was Sie erreichen wollen. Wenn Sie Ihren Zuhörer einwickeln wollen und normalerweise mit starkem Protest rechnen, dann ist es durchaus sinnvoll, Ihre Aussagen in möglichst viele Weichmacher einzupacken. Wenn Sie aber überzeugend und sicher wirken wollen, dann sind die Empfehlungen des letzten Kapitels sicher hervorragend geeignet.

Zielklarheit Schon wieder eine dieser Banalitäten. Es wirkt viel sicherer, wenn klar ist, was Sie wollen, und wenn Sie zu Ihren Zielen stehen. Machen Sie sich also als Erstes bewusst, was genau Sie erreichen wollen, und dann: Sagen Sie es!

Ziel kennen – Ziel nennen!

Übung: Sicherheit ausstrahlen

Überfliegen Sie noch einmal den letzten Abschnitt „Sicherheit ausstrahlen" und entscheiden Sie sich für drei Punkte, die Ihnen besonders wichtig sind.

Besorgen Sie sich ein Diktiergerät oder schalten Sie die Diktier-
funktion Ihres Handys ein und lassen Sie dieses Gerät bei
einem Ihrer nächsten Gespräche einfach mitlaufen. Es ist dabei
gar nicht so wichtig, ob es sich um ein berufliches oder um
ein Gespräch am Kaffeetisch handelt. Sie sollten bloß Ihre Gesprächspartner darüber informieren, was Sie tun.

Analysieren Sie nun Ihr Gesprächsverhalten im Hinblick auf die
drei Punkte, für die Sie sich entschieden haben. Wie oft haben
Sie diese Formulierungen eingesetzt und wann? Führen Sie eine Strichliste.

Wenn Ihre Punkte nicht mit einem Diktiergerät funktionieren,
bitten Sie einen Kollegen oder Bekannten, vielleicht auch Ihren
Gesprächspartner um Feedback.

Großhirn – Kleinhirn – Stammhirn: Warum wir so sind, wie wir sind

Bis hierher haben wir uns nur mit der Wahrnehmung, also dem Verarbeiten von Sinnesreizen befasst. Nun sind wir
Menschen ja nicht allein auf der Welt und deshalb beschäftigt
sich dieses Buch auch mit der Kommunikation und der Interaktion zwischen Menschen. Wenn man die Prozesse der Kommunikationspsychologie verstehen will, muss man sich erst
einmal mit der Funktionsweise unseres Gehirns auseinandersetzen.

Keine Angst: Ich werde Sie nicht mit irgendwelchen wissen-
schaftlichen Fachausdrücken bombardieren, die wir alle miteinander nicht richtig aussprechen können. Lassen Sie uns stattdessen versuchen, diesen ganzen Bereich so zu vereinfachen,
dass Sie sich das zum einen merken und es zum anderen auch
anwenden können.

Vier Gehirne　Also: In Wirklichkeit haben wir nicht ein Gehirn, sondern vier. Großhirn, Zwischenhirn, Stammhirn und Kleinhirn. Diese vier sind aber miteinander verknotet, sodass sie immer als eine Einheit erscheinen. (Ja, ich weiß, das ist extrem vereinfacht und wissenschaftlich nicht ganz korrekt. Also bitte, liebe Akademiker, sehen Sie es mir nach. Es geht mir nur darum, ein einfaches Modell zu zeigen, das uns hilft, Verhalten zu verstehen.) Fangen wir mit dem neuesten Gehirnteil an.

Das Großhirn

Das Großhirn ist dieses graue, faltige Teil mit den zwei Hälften. Also das, woran wir normalerweise denken, wenn wir „Gehirn" sagen. Entwicklungsgeschichtlich ist das Großhirn der jüngste Teil unseres Nervensystems, es kam also als Letztes. Im Großhirn findet alles statt, was bewusst ist: denken, (auswendig) lernen, abwägen, aber auch so etwas wie Vernunft. Wenn Sie sich auf der Welt umsehen, wie viel Vernunft finden Sie da? Ich denke, Sie stimmen mir zu: Das Großhirn scheint nicht wirklich handlungsbestimmend zu sein.

Das Zwischenhirn

Wenn wir uns von außen nach innen vorarbeiten, kommen wir als Nächstes zum Zwischenhirn – das Großhirn ist also die äußerste Schicht, darunter liegt das Zwischenhirn. Das Zwischenhirn ist der Sitz der Emotionen. Angst, Freude, Liebe, Zuneigung, Ekel, Ehrgeiz, Leidenschaft – all das sitzt im Zwischenhirn. Spannend wird es, wenn wir eine Erkenntnis der neueren Hirnforschung hinzunehmen. Die besagt nämlich, dass das Zwischenhirn auch der Ort ist, wo wir Entscheidungen treffen. Verarbeitet und gerechtfertigt wird die Entscheidung danach noch in anderen Gehirnteilen und wir werden uns später auch noch ansehen, welche Rolle das Großhirn bei Entscheidungen spielt. Aber grundsätzlich getroffen werden sie im Zwischenhirn.

Entscheidungen werden also im Zwischenhirn getroffen und unsere Entscheidungen sind die Basis unseres Verhaltens, oder? Wenn aber das Zwischenhirn der Sitz der Emotionen ist, dann sind offensichtlich Emotionen Basis unserer Entscheidungen. Und damit sind Emotionen natürlich auch Basis unseres Verhaltens. Insofern müssen wir uns verabschieden von dem Bild des rational-analytischen Menschen. Umgekehrt bedeutet das natürlich auch, dass so etwas wie Beziehungen und Emotionsmanagement wichtiger werden.

Entscheidungen fallen im Zwischenhirn

Das Stammhirn

Das Stammhirn ist entwicklungsgeschichtlich der älteste Teil unseres Gehirns. Es stammt aus einer Zeit, da standen wir nicht an der Spitze der Nahrungskette. Wenn wir nicht ganz oben in der Nahrungskette stehen, womit müssen wir in einer unbekannten Situation rechnen? Richtig: damit, gefressen zu werden. Wenn jemand oder etwas Sie fressen will, welches Verhalten ist sinnvoll? Genau: Angreifen, Abhauen oder Tot-Stellen. Unser Stammhirn prüft, was das ist, was da kommt. Größer und langsamer: Abhauen! Kleiner: Angreifen und selber fressen! Größer und schneller: Dann hat Abhauen wenig Sinn, Angreifen aber auch nicht. Also stellen wir uns tot. Evolutionär mag das sinnvoll gewesen sein. Aber wie sinnvoll ist es, wenn ein Flugschüler sich fünfzig Meter über dem Boden tot stellt, während er mit 200 Sachen auf harte Hindernisse zurauscht.

Schwer vorstellbar? Aber genau so ist es. Haben Sie schon mal eine Situation erlebt, in der Sie plötzlich wie gelähmt waren? In der Sie keinen klaren Gedanken mehr fassen konnten? Irgendjemand provoziert uns, erschreckt uns oder lässt uns eine Prüfung schreiben, und wir? Uns fällt nichts mehr ein, das Hirn ist wie leer gefegt. Fünf Minuten später könnten wir Bände füllen mit intelligenten Antworten, aber in der Situation, da ist das Gehirn im Totstell-Modus.

Der Totstell-Modus

Oder kennen Sie das: Irgendeine Stress auslösende Situation
ergibt sich und wir machen alles Mögliche: Wohnung putzen,
Oma anrufen, Projektstrukturpläne überarbeiten – alles Mögliche, nur nichts Gescheites. Jetzt ist das Gehirn im Abhau-Mo-
dus. Na ja, über den Angriffsmodus muss ich wahrscheinlich
nicht allzu viel schreiben, oder?

Aber was passiert mit unserem Großhirn? Was passiert mit
unserem vernünftigen Verstand, wenn das Stammhirn die
Kontrolle übernimmt? Haben Sie schon eine Vollbremsung
gemacht? Wenn ja, was haben Sie da gesehen? Wahrscheinlich nur das Nummernschild, die Stoßstange, den Baum oder
was auch immer in Ihrem Weg stand. Alles andere haben Sie
ausgeblendet – absoluter Tunnelblick. Was haben Sie gehört?
Wenn Sie überhaupt etwas gehört haben, dann das Quietschen
der Reifen oder dieses Rappeln vom ABS. Alles andere – ausgeblendet. Wenn Sie eben infernalisch laut Musik gehört haben
– die läuft immer noch, aber Sie hören sie nicht mehr. Ausgeblendet! Was fühlen Sie? Wenn Sie eben Hunger hatten – weg!
Wenn Sie eben Kopfschmerzen hatten – weg! Alle Emotionen
sind ausgeblendet. Hat ja auch keinen Sinn, dass Ihnen auf-
fällt, dass Ihr Fuß wehtut, wenn Sie vom Säbelzahntiger ver-
folgt werden.

Aber was tut Ihr Verstand, wenn Sie eine Vollbremsung machen?
Genau: nichts. Sie sollen bremsen und nicht denken. Und deswegen lösen wir die Bremsen auch nicht ganz kurz vor dem Hin-
dernis, damit die Lenkung wirkt und wir ausweichen können.
Wir rauschen rein.

 Wenn das Stammhirn sich einschaltet, macht das Großhirn
Pause!

Das Kleinhirn

Der vierte wichtige Teil unseres Gehirns ist das Kleinhirn. Das Kleinhirn ist so etwas wie der Hintergrundserver oder der Autopilot unseres Gehirns. Alle Routine- oder Standardtätigkeiten werden vom Kleinhirn übernommen. Schnürsenkel binden – macht das Kleinhirn. Darüber müssen wir nicht nachdenken. Kaffee kochen am Morgen macht das Kleinhirn (Gott sei Dank müssen wir auch darüber nicht nachdenken). Unser Weg zur Arbeit – automatisiert. Wir müssen nicht darüber nachdenken, welchen Weg wir wählen oder in welche S-Bahn wir steigen. Das ist ein automatisierter Prozess. Und das ist gut so, denn weil uns das Kleinhirn die ganzen Routinen abnimmt, hat unser Großhirn wieder Ressourcen frei, um Bücher zu lesen beispielsweise.

Ich glaube, dass wir Menschen zu über 95 Prozent vom Kleinhirn gesteuert sind, und meistens ist das auch gut so. Aber wie mächtig dieser Autopilot ist, merken Sie, wenn Sie einmal auf dem Weg zur Arbeit einen Brief bei der Post abgeben wollen. An diesen Brief denken Sie zwei Mal, oder? Einmal, wenn Sie ihn einstecken, und das zweite Mal, wenn Sie an Ihrem Arbeitsplatz ankommen. Macht aber nichts, Sie können den Brief ja noch beim Nachhausegehen bei der Post einwerfen.

Auf Autopilot

So nützlich, wie es ist: Unser Kleinhirn sorgt dafür, dass wir immer wieder in dieselben Muster verfallen, dass es uns so schwerfällt, Dinge zu ändern. Untersuchungen haben gezeigt, dass das Kleinhirn etwa 70 bis 100 Wiederholungen braucht, bis es eine neue Gewohnheit entwickelt hat. Eigentlich gar nicht so viel. Aber wenn wir über etwas reden, das Sie einmal pro Arbeitstag tun, dann reden wir gerade über vier Monate. Und das ist die Botschaft des Kleinhirns: Wir können fast alles an uns oder unserem Verhalten ändern, aber wir brauchen dafür Selbstdisziplin. Ausreichend Selbstdisziplin, um genügend Wiederholungen für eine neue Gewohnheit durchzustehen.

So, das sollte erst mal reichen mit unserem Ausflug ins Gehirn. Sie wissen jetzt genug, um zu verstehen, warum wir uns oft so verhalten, wie wir es nun einmal tun. Sie haben jetzt genug Backgroundwissen, um zu verstehen, warum Beziehungsmanagement so wichtig ist.

Zusammenfassung Säule I

- Es gibt vier für uns relevante Hirnbereiche.
  Das Großhirn ist der Sitz der Vernunft,
  das Zwischenhirn ist der Sitz der Emotionen
  und das Entscheidungszentrum.
  Im Kleinhirn lauern Gewohnheiten und Routinen
  und das Stammhirn kennt nur Angreifen,
  Abhauen und Tot-Stellen.
- Unter Stress übernimmt das Stammhirn die Kontrolle –
  und leider hat das Großhirn dann Pause.
- Kommunikation ist unsicher!
- Die Bedeutung einer Kommunikation zeigt sich
  in der Reaktion des Empfängers.
- Wahrnehmung ist subjektiv und selektiv. Sie wird
  beeinflusst durch Filter, Verzerrungen, Ergänzungen,
  und Generalisierungen.
- Sprechen Sie normal und „KUSS". Nur wenn Sie
  authentisch sind, können Sie überzeugen.

Säule II

Beziehungen –
Schmiermittel
oder Bremsklotz

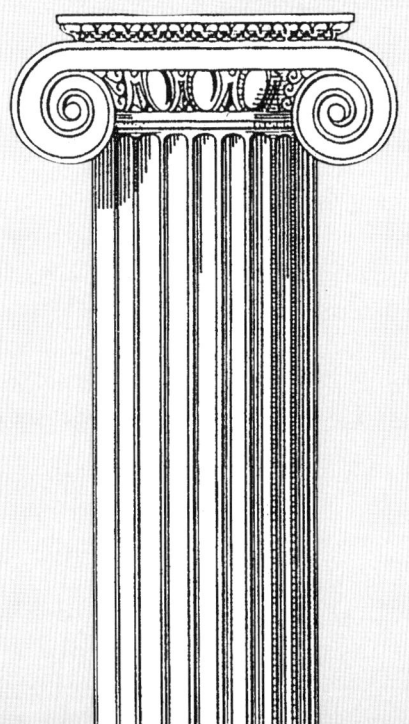

Management ist ein Wort, das wir so häufig benutzen. Ist es dann nicht interessant, darüber nachzudenken, was Management eigentlich bedeutet:

Management kommt von dem lateinischen Wort „Manus" – die Hand. Management bedeutet also „Handeln". Beziehungsmanagement ist folglich das Handhaben, das Behandeln oder das Steuern von Beziehungen. Doch wie geht das?

Das Zwei-Ebenen-Modell

Im letzten Kapitel haben wir uns mit der Subjektivität und Selektivität der Wahrnehmung beschäftigt. Nur: Wahrnehmung ist noch nicht alles. Um die Dynamik komplexer Kommunikationssituationen in Gesprächen und Verhandlungen zu verstehen, müssen wir uns nun anschauen, wie Menschen in konkreten Situationen miteinander umgehen.

Sach- und Beziehungsebene
Aus der Psychologie wissen wir, dass jede Kommunikation auf mindestens zwei Ebenen stattfindet, einer Sachebene und einer Ebene der Beziehung:

- Sachebene: Kopf, Inhalt, Argumente, verbale Kommunikation
- Beziehungsebene: Bauch, Gefühle, Emotionen, Bewertung des Inhalts, Bewertung des Gesprächspartners, Bewertung der Situation, Vorurteile, nonverbale Kommunikation

Aufgrund unserer Erziehung und Ausbildung neigen wir dazu, die Inhaltsebene stärker zu gewichten als die Beziehungsebene. Benutz deinen Kopf, denk drüber nach, sei nicht so emotional. Wahrscheinlich haben Sie solche Aussagen schon oft gehört. Lassen Sie uns darüber nachdenken, ob diese Gewichtung berechtigt ist oder ob das tatsächliche Verhältnis zwischen den beiden Ebenen nicht in Wirklichkeit ganz anders aussieht.

Stellen Sie sich zwei Menschen vor. Einen, den Sie sehr gut leiden können, bei dem, wie man so sagt, „die Chemie stimmt". Als Zweiten stellen Sie sich einen Menschen vor, den Sie nicht leiden können, der Ihnen richtig unsympathisch ist. Unterstellen wir, dass beide Ihre Kunden oder Gesprächspartner sind. Nun nehmen wir ein fachliches/sachliches Problem. Sie wissen, dass Sie mit Kunden, bei denen die Chemie stimmt, auch schwerwiegende inhaltliche Probleme lösen können. Sie haben eine tragfähige gemeinsame Basis. Doch dann gibt es diese Menschen, bei denen Sie dem Herrgott für jeden Tag danken, an dem Sie diese Typen nicht sehen müssen. Sie wissen, dass bei den unsympathischen Kunden diese Basis nicht vorhanden ist. Schon kleinere Probleme enden regelmäßig im Konflikt oder im Dissens. „Man kann einfach nicht zusammenarbeiten."

Interessant ist vor allem folgender Effekt: Stellen Sie sich vor, beide würden ähnliche Aussagen treffen. Würden Sie die Inhalte der Kommunikation wirklich gleich bewerten? Aus der Kommunikationspsychologie kann man inzwischen mit Sicherheit ableiten, dass Sie die Inhalte nicht gleich bewerten werden. Die Bedeutung, die wir einer Äußerung beimessen, wird maßgeblich beeinflusst von der Beziehung, die wir zum Sender haben. Paul Watzlawick formulierte das so: *Jede Kommunikation verfügt über einen Inhalts- und einen Beziehungsaspekt in der Form, dass die Beziehung den Inhalt dominiert.*

Beziehung dominiert Inhalt

Das Verhältnis von Sach- zu Inhaltsanteilen lässt sich mit einem Eisberg vergleichen. Je stabiler und gefestigter die Beziehungsebene zwischen zwei Menschen ist, umso stärker kann sie mit sachlichen Konflikten und Meinungsverschiedenheiten belastet werden. Wenn eine Eisfläche dick genug ist, kann man sogar Fabriken darauf bauen.

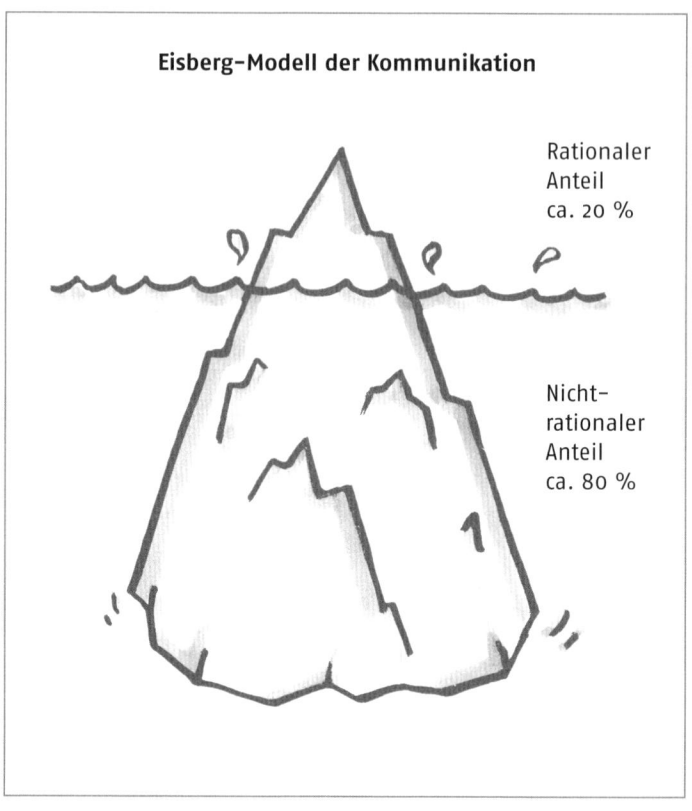

Eisberg-Modell der Kommunikation

Rationaler
Anteil
ca. 20 %

Nicht-
rationaler
Anteil
ca. 80 %

Das Eisberg-Modell

Jede Beziehung   Vielleicht klingt Ihnen Eisberg zu abgehoben? Was halten Sie
ist ein Konto   von einem Kontenmodell, einem Beziehungskonto? Stellen Sie
sich vor, in dem Moment, in dem sich zwei Menschen begeg-
nen, wird so ein Konto angelegt. Für jeden und mit jedem. Und
wie das bei modernen Konten so ist, wird Ihnen auch gleich automatisch ein kleines Startguthaben gutgeschrieben. Es ist also nicht möglich, kein Beziehungskonto, keine Beziehung zu
haben.

Jetzt betrachten wir dieses Beziehungskonto genauer. Was meinen Sie: Ist es möglich, eine wie auch immer geartete Beziehung zu führen, ohne jemals von diesem Konto abzuheben? Mit Sicherheit nicht. In jeder Beziehung, sei sie auch noch so gut, gibt es Streit, gibt es Konflikte oder unterschiedliche Interessen. Doch ist das schlimm, wenn Sie von Ihrem Beziehungskonto abheben? Nein – vorausgesetzt, Sie haben vorher genug eingezahlt. Und wenn Sie mehr abheben, als Sie vorher einbezahlt haben? Dann sind Sie im Soll.

Waren Sie mit Ihrem (Gehalts-)Konto schon mal im Minus? Und, ist dann die Welt untergegangen? Nein. Genauso wie bei einem Gehaltskonto ist es auch möglich, ein Beziehungskonto zu überlasten. Allerdings brauchen Sie dann Kredit. Ihnen muss außerdem bewusst sein, dass Sie nun mehr zurückzahlen müssen, als Sie vorher in Anspruch genommen haben. Und Überziehungszinsen können manchmal ganz schön hoch sein. Doch es kommt noch etwas hinzu: Kredit kommt vom lateinischen Wort „credere", das heißt „glauben". Sie haben also nur so lange Kredit, wie der andere glaubt, dass Sie wieder einzahlen werden, dass Sie wieder in die Beziehung investieren werden. Verliert ein Mensch diesen Glauben, wird es für den anderen sehr schwer.

Doch was kann man nun tun, um auf das Beziehungskonto einzuzahlen? Was kann man tun, um die Basis des Eisbergs stabil und tragfähig zu machen? Wie kann man Beziehungen gezielt stärken? Am langen Ende geht es sicher um Vertrauen. Vertrauen ist für die Tragfähigkeit der Beziehungsbasis mindestens so wichtig wie Sympathie. Allerdings entsteht Vertrauen nur langsam. Zu langsam, um in den meisten herausfordernden Situationen hilfreich sein zu können. Wir müssen also entweder darüber nachdenken, wie wir den Vertrauensaufbau deutlich beschleunigen können oder welche Möglichkeiten wir noch haben, um unsere Beziehungsbasis zu „tunen".

Auf das Beziehungskonto einzahlen

Positives Beziehungstuning

Es ist tatsächlich möglich, eine Beziehungsebene gezielt zu beeinflussen. Wir alle haben das schon getan. Wir haben Beziehungen auf- und abgebaut.

Und ich meine hier nicht unbedingt dieses drastische Drama. Ich meine vielmehr Situationen, in denen man plötzlich merkt, dass man sich auseinandergelebt hat, oder positiv gesprochen, wo man merkt, dass im Lauf der Zeit eine echte Freundschaft entstanden ist.

Beziehungs-botschaften wirken oft unbewusst Häufig finden solche Beziehungsbeeinflussungen unbewusst statt. Problematisch ist das insbesondere dann, wenn wir die Beziehungsbasis negativ beeinflussen, ohne es zu wollen. Während Sie bei diesen negativen Beziehungsbotschaften eher darauf achten, sie zu vermeiden, können Sie die positiven Bausteine gezielt einsetzen, um die Beziehungsbasis zu festigen und damit stabiler und belastbarer zu machen.

Insbesondere in heiklen Situationen sollten Sie darüber nachdenken, welche der folgenden Handlungsmöglichkeiten Sie einsetzen. Wir können aber nicht nur zwischen negativen und positiven Maßnahmen unterscheiden, sondern auch zwischen solchen, die eher kurzfristig oder eher langfristig wirken. Fangen wir doch mit den langfristig wirkenden Techniken an!

Frösche zu Prinzen – langfristiges Beziehungstuning

Im Privatleben können wir uns (weitgehend) aussuchen, mit wem wir unsere Zeit verbringen. Doch im Beruf? Da passiert es schon eher, dass wir uns mit Menschen auseinandersetzen müssen, die wir so nie gebucht hätten. Wir können uns jetzt darüber aufregen und jammern oder darüber nachdenken, wie wir uns diese herausfordernden Kandidaten aufhübschen können.

Doch funktioniert das wirklich? Probieren Sie zum Anfang folgende Übung. Aber Vorsicht! Sollten Sie einen Lieblingsfeind haben, den Sie als solchen auf jeden Fall behalten wollen, dann lassen Sie unbedingt die Finger von dieser Übung, genauso wie von den Übungen auf den nächsten Seiten. Diese wirken nämlich und Sie sollen nicht sagen können, dass ich Sie nicht gewarnt habe.

Übung 1: Beziehungstuning

Wählen Sie einen (für Sie) schwierigen Menschen aus. Es reicht völlig, wenn Sie diese Übung in Ihrer Vorstellung machen.

Finden Sie irgendein positives Detail an diesem Menschen. Doch! An jedem Menschen gibt es irgendein positives Detail. Manchmal muss man nur etwas suchen.

Konzentrieren Sie sich auf dieses Detail und lassen Sie es den Rest dieser Persönlichkeit überstrahlen.

Wenn Sie diesem Menschen das nächste Mal begegnen, achten Sie besonders auf dieses Detail und wie häufig es erscheint.

Und wie war das? Hat es funktioniert? Ja, ich weiß, es gibt Menschen, da fällt es ausgesprochen schwer, irgendetwas Positives zu finden. Aber es wirkt. Wenn Sie mit dieser Übung erste Erfolge erzielt haben, können Sie direkt noch einen draufsetzen.

Wir lernen uns immer in einer bestimmten Rolle kennen. Wenn Sie bei mir im Seminar sind, kennen Sie mich nur als Trainer. Sie wissen nicht, wie ich als Freund, als Chef, als Nachbar oder als Kunde bin. Sie kennen mich nur in einer Rolle. Insofern können wir Konflikte auch immer nur in einer bestimmten Rollenkonstellation haben. Was wäre zum Beispiel, wenn Sie den Ver-

Sich Beziehungs-rollen bewusst machen

handlungspartner, mit dem Sie heute Schwierigkeiten haben, gestern Abend an der Hotelbar kennengelernt hätten? Natürlich ohne zu wissen, dass Sie heute aufeinandertreffen. Könnte es sein, dass Sie da einen „ganz andern Menschen" kennengelernt hätten? Die nächste Übung nutzt dieses Prinzip:

Übung 2: Beziehungstuning

Finden Sie (wieder) einen schwierigen Menschen.

Jetzt stellen Sie sich diesen Menschen in einem positiven Kontext vor:
- wie er/sie mit seinen/ihren Kindern spielt – am besten an einem wunderschönen Sonntagvormittag ...
- oder wie Sie beide gemeinsam Ihre Lieblingssportart ausüben, Golf oder Fußball spielen, reiten usw.
- oder wie Sie gemeinsam eine Flasche sehr guten Rotwein trinken (vorausgesetzt, Sie haben eine ähnliche Schwäche für Rotwein wie ich).

Achten Sie darauf, was passiert!

Den Kontext ändern Und, was passiert? Was geschieht, wenn Sie sich diesen Menschen in einem positiven Kontext vorstellen? Kann es sein, dass sich Ihr Bild von diesem Menschen verändert? Vielleicht ist „verändert" das falsche Wort – erweitert? Kann es sein, dass Sie plötzlich andere Aspekte an diesem Menschen wahrnehmen?

Dabei machen Sie gar nichts anderes, als Ihr eigenes Sender-Empfänger-Modell zu verschieben. Bestimmte Eigenschaften, die Sie vorher ausgefiltert haben, fallen Ihnen jetzt auf. Bestimmte Dinge, die Sie vorher stark negativ bewertet haben, sind jetzt vielleicht nicht mehr ganz so dominant.

Noch mal: Mir geht es nicht darum, dass Sie sich mit jedem Menschen verstehen müssen. Schon gar nicht, dass Sie jeden Menschen mögen müssen. Aber auf der anderen Seite machen wir uns doch selbst nur das Leben schwer, wenn wir von unangenehmen Zeitgenossen umgeben sind, denen wir nicht ausweichen können, und wir diese dann auch noch als unangenehm wahrnehmen. Das sollten wir wirklich ändern.

Kurzfristiges Beziehungstuning

Zugegeben: Die Empfehlungen des letzten Absatzes waren sehr grundsätzlich und vielleicht haben Sie sich damit etwas schwergetan. Kommen wir deshalb zu konkreteren, zeitnäheren Methoden. Was können Sie in einem Gespräch tun, wenn Sie merken, dass die Beziehungsbasis angeknackst ist? Wie können Sie die Beziehung dann, wenn Sie es gerade brauchen, beeinflussen? Zuerst einmal drei Dinge, die Sie unbedingt vermeiden sollten, wenn die Beziehungsbasis schwierig oder angeknackst ist.

Unter Druck setzen

Druck erzeugt Gegendruck! Immer! Und die Frage ist, ob Ihnen das nutzt. Natürlich ist es verständlich, wenn Sie in bestimmten Situationen Druck aufbauen wollen. Fragen Sie sich aber vorher, ob Sie wirklich über die geeigneten Druck- oder Machtmittel verfügen und ob Sie dann auch noch fähig und willens sind, den Druck aufrechtzuerhalten. Druck aufbauen ohne Konsequenz ist eher ein Zwergenaufstand. Und natürlich ist Druck niemals gut für eine Beziehung.

Bloßstellen

Es leuchtet ein, dass Sie niemals einen Menschen bloßstellen sollten, wenn Ihnen die Beziehung wichtig ist. Aber was ist, wenn Sie im Recht sind? Wenn Sie nach allen Regeln der Kunst im Recht sind und das auch eindeutig nachweisen können? Recht haben und recht bekommen ist bekanntermaßen nicht das Gleiche. Wenn jemand vehement und emotional seine (falsche) Meinung vertritt – und wenn Sie diesen Menschen nun nach Strich und Faden widerlegen –, dann wird er sein Gesicht verlieren. Und Gesichtsverlust, auch drohender Gesichtsverlust war in einem anderen Kulturkreis lange Zeit Anlass für rituellen Selbstmord – Harakiri. In Mitteleuropa machen das die Menschen nur ganz selten. Was sie aber tun: Sie werden hochgradig irrational. Und das kann Ihnen wiederum nicht gefallen. Denken Sie daran, wenn Sie das nächste Mal recht haben: Sorgen Sie dafür, dass Ihr Gegenüber einigermaßen erhobenen Hauptes aus der Rolle wieder herauskommt – ohne sein Gesicht zu verlieren.

Ironie Dass wir uns richtig verstehen: Ich liebe Ironie. Seien Sie ironisch und bleiben Sie ironisch – aber nicht, wenn die Beziehung angeknackst ist. Ironie ist etwas Wunderbares, macht Spaß und kann Situationen entkrampfen. Ironie hat aber noch eine andere Seite und die kann gefährlich sein. Regelmäßig wird Ironie nämlich nicht verstanden, vor allem in angespannten Situationen. Und dann sind wir beim Bloßstellen. Außerdem kann man sich gegen Ironie nicht wehren. Wenn ich ironisch bin und Sie sich beschweren, werden Sie immer hören: „Sei doch nicht so, war doch nur Spaß." Und diese Wehrlosigkeit macht Ironie zum härtesten Bestrafungsmuster nach der körperlichen Gewalt. Also: Bleiben Sie ironisch, wenn es passt, aber verkneifen Sie sich ironische Bemerkungen, wenn die Beziehung angespannt ist.

Aber natürlich geht es nicht nur ums Vermeiden – es gibt auch einiges, was Sie ganz konkret tun können, um die Beziehungsbasis während eines Gesprächs direkt und effektiv positiv zu beeinflussen. Fünf Aktionen möchte ich besonders herausstellen.

Ausreden lassen Die erste Option ist extrem einfach anzuwenden, überaus wirkungsvoll und nahezu unbekannt. Lassen Sie den anderen ausreden. Eigentlich sollte das selbstverständlich sein, bleibt aber – im Eifer des Gefechts – häufig auf der Strecke. Signalisieren Sie Ihrem Gesprächspartner Ihr Interesse, indem Sie ihn nicht unterbrechen. Das gilt übrigens auch für Vielredner. Die meisten

Vielredner reden nämlich deswegen viel, weil sie das Gefühl haben, dass man ihnen nicht zuhört. Und mit Recht. Man hört ihnen auch nicht zu. Ganz nebenbei gibt es nur sehr wenige echte Vielredner. Meistens liegt das Problem eher darin, dass wir meinen, wir wüssten, was der andere sagt, oder aber, dass wir gern einen kleinen Krieg ums Wort spielen.

Zuhören

Zuhören und ausreden lassen, das ist nicht dasselbe. Zuhören ist mehr als nichts sagen. Zu oft sind wir mit unserer Aufmerksamkeit schon lange bei einer Erwiderung oder Entgegnung. Hören Sie zu! Widmen Sie Ihrem Gesprächspartner Ihre volle Aufmerksamkeit. Sie signalisieren dadurch Wertschätzung und, was fast noch wichtiger ist, Sie erhalten wesentlich mehr Informationen.

Nichts ist leichter, als jemanden zu verstehen, der so ist wie Sie. Das ist keine Kunst. Spannend wird es, wenn Sie einem Menschen begegnen, der komplett anders ist. Dessen Einstellungen, Lebensweise oder Ideale den Ihren völlig widersprechen. Aber niemand hat behauptet, dass es leicht sein würde. Verstehen hat nichts mit Rechtgeben zu tun, aber Win-win-Lösungen setzen ein gewisses Wollen bei allen Beteiligten voraus. Niemand verlangt von Ihnen, dass Sie eine Ihnen völlig widerstrebende Meinung gutheißen, tolerieren oder gar akzeptieren. Wenn Sie aber eine Lösung wollen, dann müssen Sie Ihr Gegenüber erst verstanden haben. Bedenken Sie bitte, dass Ihr Gesprächspartner aus seiner Sicht der Dinge sicher recht hat. Versuchen Sie sich in Ihren Partner hineinzuversetzen. Versuchen Sie seine Sicht der Dinge zu verstehen.

Den anderen verstehen wollen

Zu oft sehen wir die Widersprüche oder das, was uns trennt. Jede Einigung beginnt mit irgendetwas Gemeinsamem. Suchen Sie diese Gemeinsamkeiten zwischen Ihnen und Ihrem Partner und sprechen Sie diese gezielt an. Oft kann es sinnvoll sein, während eines Gesprächs oder während eines Konflikts sich wieder darauf zu besinnen, was verbindet. Das Trennende drängt sich von selbst auf.

Gemeinsamkeiten finden

Teile der anderen Meinung akzeptieren	In jeder – auch noch so konträren – Haltung sind Punkte, denen man zustimmen kann. Wenn diese Punkte Ihnen nicht offensichtlich sind, fragen Sie sich nach den Motiven für ein bestimmtes Verhalten. Häufig genug sind die Motive Ihres Partners gar nicht weit entfernt von Ihren. Diese Technik hat eine extreme Wirkung. Wie beim Bohren eines kleinen Lochs in einen Deich passiert scheinbar erst einmal nichts. Dennoch weicht der Damm auf und verliert seine strukturelle Festigkeit. Bis er bricht.

Neben diesen Punkten gibt es noch eine Reihe weiterer Möglichkeiten, um auf Ihr Beziehungskonto einzuzahlen.

Mehr Beziehungstuning

Offene Fragen	Stellen Sie Ihrem Partner offene Fragen. Signalisieren Sie so Ihr Interesse. Stellen Sie diese Fragen aber wertneutral, das heißt, ohne gleich eine Antwort vorzugeben. Und natürlich: Hören Sie bei der Antwort zu!
Wertschätzung signalisieren	Zeigen Sie dem anderen immer wieder, dass Sie ihn wertschätzen und ernst nehmen. Möglichkeiten, Wertschätzung zu signalisieren, sind zum Beispiel:

- Mit Namen ansprechen
- Sich Zeit nehmen
- Interesse an Person und Sache zeigen (und haben)
- Begründen statt widerlegen

Begründen statt widerlegen	In vielen Diskussionen wird versucht, den anderen von seiner Position abzubringen. Im Normalfall führt das zu Rechtfertigungen und Ähnlichem. Eine Alternative kann es sein, die eigene Sichtweise zu begründen und somit den Gesprächspartner vom eigenen Standpunkt zu überzeugen, anstatt ihn von seinem abzubringen.

Sie können von Ihrem Gesprächspartner nur Offenheit und die Bereitschaft, Kompromisse zu schließen, erwarten, wenn Sie selbst offen und kompromissbereit sind.

Eine positive Körpersprache erleichtert vieles (siehe oben). Setzen Sie sich, was Ihre Körpersprache betrifft, aber nicht zu sehr unter Druck. Nichts wirkt unehrlicher als ein aufgesetztes Lächeln. Die Basis für ein wirksames Beziehungstuning sind aber Ehrlichkeit und Aufrichtigkeit. Und glauben Sie mir: Wir haben ein sehr gutes Gespür für Inkongruenzen, also den Zustand, wenn das, was Sie sagen, nicht wirklich mit dem zusammenpasst, wie Sie sich verhalten.

Offene Haltung – Blickkontakt – Lächeln

Wir haben vorhin schon mal darüber gesprochen, dass wir uns immer nur in einer bestimmten Rolle kennen. Machen Sie sich bewusst, dass Sie mit Ihrem Gesprächspartner, wenn Sie ihn in einer anderen Situation kennengelernt hätten, vielleicht ganz gut zurechtkommen könnten.

Bewusstes Trennen von Sache und Person

Es ist sicherlich eine positive Beziehungsbotschaft, wenn Sie, trotz aller inhaltlichen Differenzen, das Engagement und den Einsatz Ihres Gesprächspartners anerkennen.

Prüfen Sie bitte immer, wenn Sie die oben genannten Techniken einsetzen, mit welcher innerlichen Grundhaltung Sie dies tun. Tun Sie es mit bestem Willen und haben Sie dem anderen gegenüber eine Okay-okay-Haltung (siehe Säule V)? Oder setzen Sie diese Mittel taktisch ein, um Siege zu erringen? Bedenken Sie bitte: Taktieren auf der Beziehungsebene führt, sobald es bemerkt wird, zur nachhaltigen Zerstörung der gemeinsamen Basis. Und das wollen Sie nicht, oder?

Vor allem, wenn man sehr oft in immer wiederkehrenden Gesprächssituationen steht, schleicht sich leicht ein unpersönliches Verhalten ein. Insbesondere wenn Gesprächspartner unschlüssig oder schlecht vorbereitet sind (zum Beispiel Anträge/Verträge nicht – richtig – gelesen sind oder der Terminkalen-

Jeden Gesprächspartner als Individuum behandeln

der erst geholt werden muss), neigt man oft dazu, diese Menschen in Schubladen zu stecken. Versuchen Sie deshalb, jeden Gesprächspartner als ein Individuum zu betrachten und auf sein Anliegen individuell einzugehen.

In ganzen Sätzen sprechen Telegrammstil wie: „Kundennummer? – Vormittags oder nachmittags?" ist unpersönlich und signalisiert wenig Achtung dem Gesprächspartner gegenüber.

Sich konzentrieren Konzentrieren Sie sich auf das Anliegen Ihres Gesprächspartners – auch wenn es Ihnen banal erscheint. Für den anderen ist sein Problem momentan wichtig, sonst würde er es nicht ansprechen. Viele Probleme, die für Sie simpel und alltäglich sind, können für Ihr Gegenüber große Hindernisse darstellen.

Übung 3: Beziehungstuning

Machen Sie einen Ausreden-lassen-Tag. Einen ganzen Tag lang lassen Sie jeden Menschen, dem Sie begegnen, ausreden. Ihre Kinder, Ihren Partner, Ihre Kollegen, die Verkäuferin an der Fleischtheke. Jeden!

Achten Sie darauf, wann Ihnen das besonders schwerfällt und wie häufig Sie eine Tendenz haben, Ihr Gegenüber zu unterbrechen.

Es gibt tatsächlich Menschen, die an dieser Übung verzweifeln. Ich weiß, Sie gehören nicht dazu, aber manchen Zeitzeugen erscheint es regelrecht unmöglich, andere ausreden zu lassen. Trainieren Sie diese Fähigkeit.

Aktives Zuhören

Aktives Zuhören ist eine Methode aus der Gesprächspsychologie. Wie der Name schon sagt, geht es dabei um mehr, als nur passiv dazusitzen und nichts zu sagen. Mit gezielten Techniken soll zum einen sichergestellt werden, dass die Akteure nicht aneinander vorbeireden und sich missverstehen. Zum anderen soll es dem Gesprächspartner erleichtert werden, sich mitzuteilen. Die Techniken des aktiven Zuhörens sind dabei sowohl mitteilend als auch nachfragend.

Auf der mitteilenden Seite steht zunächst das, was man polemisch als „soziales Grunzen" bezeichnen könnte, Laute wie „hm", „ja", „verstehe", aber auch Nicken und Blickkontakt. Die zweite, die nachfragende Seite ist schon etwas spannender. Hier geht es darum, sicherzustellen, dass man sich versteht. Die Hauptmethoden sind dabei das Paraphrasieren und das klassische Nachfragen. Beim Paraphrasieren geht es darum, den Inhalt mit eigenen Worten wiederzugeben. Paraphrasierungen beginnen oft mit „Wenn ich Sie richtig verstehe, geht es Ihnen also darum ..." oder „Verstehe ich Sie richtig, dass Ihnen ... besonders wichtig ist?".

Soziales Grunzen

Auch wenn es uns manchmal etwas sozialpädagogisch vorkommt: Aktives Zuhören ist eine hervorragende Methode, um in herausfordernden Situationen das Gelingen der Kommunikation zu sichern.

Wie bei allen Methoden sind zwei Sachen unbedingt wichtig:
1. Seien Sie absolut konzentriert. Hören Sie wirklich genau zu und seien Sie mit allen Sinnen anwesend.
2. Seien Sie kongruent. Achten Sie darauf, dass Sie das, was Sie tun, auch meinen. Nichts ist peinlicher als geheucheltes Interesse.

Die vier Seiten einer Nachricht

„Du, da vorn ist grün!" Antwort: „Fährst du oder fahre ich?!" Dieses Beispiel verwendet Friedemann Schulz von Thun, um sein Vier-Ohren-Modell zu erklären. Sicher stimmen Sie zu, dass diese beiden Sätze logisch-rational nichts miteinander zu tun haben. Trotzdem können Sie sich die Kommunikation so vorstellen. Offensichtlich hat also unsere Empfängerin (woher wissen wir eigentlich, dass sie fährt?) etwas gehört, was in der Botschaft enthalten sein muss, aber eben nicht explizit. Irgendetwas kam bei ihr an, worauf die Antwort „Fährst du oder fahre ich?!" nicht nur amüsant, sondern auch absolut logisch und sinnhaft ist.

Die vier Ebenen nach Schulz von Thun

Aber was steckt dahinter? Steigen wir etwas tiefer in das Modell von Schulz von Thun ein: Jede Kommunikation verfügt über vier Ebenen, auf denen unterschiedliche Inhalte kommuniziert werden:

- Auf der *Sachebene* wird der reine, sachliche Inhalt ohne Interpretation kommuniziert.
- Auf der *Appellebene* wird kommuniziert, was der Sender beim Empfänger erreichen will.
- Auf der Ebene der *Selbstaussage* kommuniziert der Sender Dinge von oder über sich.
- Auf der Ebene der *Beziehungsaussage* wird darüber kommuniziert, wie der Sender seine Beziehung zum Empfänger wahrnimmt oder bewertet.

Beispiele für das Modell

- Die *Sachaussage* von unserem Beispiel wäre also: „Da vorn ist etwas Grünes / eine grüne Ampel."
- Der *Appell* könnte lauten: „Gib endlich Gas!"
- Über sich *selbst* sagt der Sprecher vielleicht: „Ich kann eh viel besser fahren als du und außerdem wäre ich schon lange losgefahren."

Die vier Seiten einer Nachricht nach Friedemann Schulz von Thun

Würden Sie zu Ihrem obersten Chef sagen: „Sie, da vorn ist grün"? Sicher nicht. Diese Formulierung, egal ob per du oder per Sie, setzt zumindest eine als gleichrangig empfundene Beziehung voraus. Wahrscheinlich fühlt sich der Sprecher dem Hörer sogar überlegen. Ausformuliert könnte die *Beziehungsbotschaft* im Beispiel lauten: „Immer muss ich auf dich aufpassen und dafür sorgen, dass du die Dinge richtig machst."

Haben Sie erkannt, auf welche Aussage unsere Hörerin reagiert hat? Einfach, oder?

Die Konsequenzen dieses Modells sehen folgendermaßen aus: **Konsequenzen**
- Die Sachaussage ist nicht interpretierbar! Inhalte sind entwe- **des Modells**
  der gesagt oder nicht gesagt. Besonders im Vertrieb ist diese
  Erkenntnis wichtig. Wie oft glauben wir, Gedanken lesen zu
  können. Wie häufig sind wir der Ansicht, wir wüssten, was
  der andere meint oder will, obwohl er es nicht explizit sagt.
- Die Sachaussage ist die einzige Ebene, die inhaltsleer sein
  kann (zum Beispiel sich anschweigen). Unter Kaufleuten
  mag das so sein, aber in der echten Kommunikation bedeutet
  Schweigen eben nicht Zustimmung! Wenn Sie nicht wissen,
  was genau der andere sachlich gesagt hat, fragen Sie nach.
- Die drei unteren Ebenen beruhen auf Interpretationen des
  Empfängers, müssen also nichts mit der Intention des Sen-

ders zu tun haben. Vielmehr ist jede Interpretation im Kopf des Empfängers entstanden. Damit können Sie zwar recht haben, aber wollen Sie sich wirklich darauf verlassen? Vor Gericht kommen Sie mit dem durch, was wirklich gesagt wurde. Mit Deutungen und Interpretationen sicher nicht!

▪ Man nimmt meistens nur die Aussage einer Ebene wahr und lässt damit die drei anderen Ebenen hinten herunterfallen. Sie entscheiden, mit welchem Ohr Sie hören.

▪ Ein erster effektiver Schritt zum Management von Konflikten ist es, unterscheiden zu lernen zwischen dem, was wirklich gesagt wurde, und dem, was man selbst in die Aussage hineininterpretiert hat.

▪ Was ist Ihr Lieblingsohr? Verändert sich Ihr Lieblingsohr, wenn Sie unter Stress geraten? Haben Sie bezogen auf bestimmte Menschen ein bestimmtes Lieblingsohr?

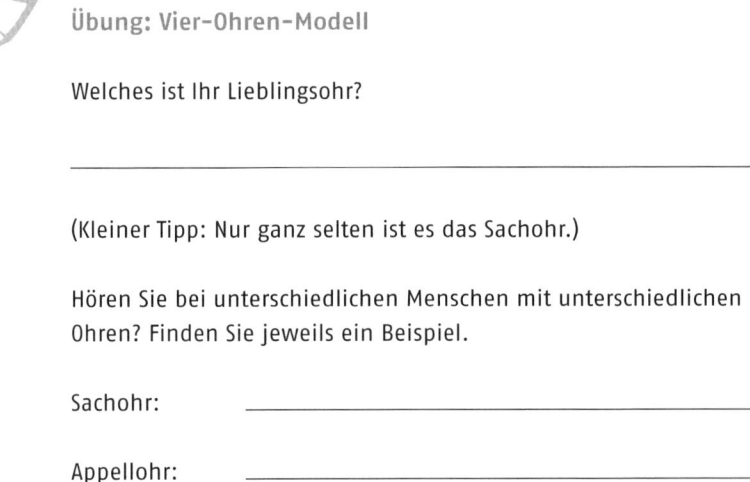

Übung: Vier-Ohren-Modell

Welches ist Ihr Lieblingsohr?

_____

(Kleiner Tipp: Nur ganz selten ist es das Sachohr.)

Hören Sie bei unterschiedlichen Menschen mit unterschiedlichen Ohren? Finden Sie jeweils ein Beispiel.

Sachohr: _____

Appellohr: _____

Beziehungsohr: _____

Selbstaussage: _____

Kommunikationsstile

Im Folgenden habe ich einige der häufigsten Kommunikationsstile aufgelistet. Natürlich sind diese Stile Archetypen, die die möglichen Wege, wie ein Mensch mit seiner Umwelt in Kontakt tritt, stark reduzieren. Auf der anderen Seite ist diese Typologisierung sinnvoll, um eigenes Verhalten zu erkennen und um auf Verhalten eines anderen entsprechend reagieren zu können. Denken Sie aber immer daran, dass jede Typologisierung nur ein Teil der Wahrheit ist und dass jeder Mensch, je nach Situation, über verschiedene Muster verfügt.

Hier meine Liste:

1. *Sich distanzieren – sich objektiv, nüchtern, sachlich geben*
   Menschen, die primär diesen Stil pflegen, wirken oft kühl und unnahbar. Alles kann vernünftig erklärt, logisch und sachlich betrachtet werden. Bedürfnisse und Gefühle werden, wenn überhaupt, nur indirekt ausgedrückt. Beispiel: „Wir sollten etwas essen, um konzentriert weiterarbeiten zu können" statt „Ich habe Hunger".

   Typische Kommunikationsmuster

2. *Betroffen, beleidigt sein*
   „Alles war meine Schuld …" Entschuldigungen und Rechtfertigungen kommen, egal, was passiert. Die Bedenken und Äußerungen der anderen bezieht man dabei auf sich, nach dem Motto: „Alle wollen etwas von mir." Beispiele: „Immer ich" – „Ich kann nichts dafür" – „Natürlich wieder bei mir" – „Ausgerechnet ich …"

3. *Sich bestimmend und kontrollierend verhalten*
   Andere Meinungen und Ansichten sind nebensächlich oder werden gar nicht erst zugelassen. Solche Menschen wissen über alles Bescheid. Regeln und Disziplin stehen absolut im Vordergrund. Wo kämen wir sonst hin?

4. *Aggressiv sein – andere anklagend und/oder entwertend behandeln*
Diese Zeitgenossen beschuldigen andere, werden persönlich, verhalten sich rücksichtslos. Sie sind gut im Austeilen und schlecht im Einstecken. Beispiele: „Alles deine Schuld" – „Nur wegen dir ...".

5. *Selbstlos für die anderen sorgen*
Alle sollen sich wohlfühlen und niemand soll zu kurz kommen. Darauf achten solche Menschen. Sie versuchen, anderen ihre Wünsche von den Lippen abzulesen. Eigene Bedürfnisse sprechen sie dabei natürlich nicht an. Wenn überhaupt, dann verlagern sie eigene Wünsche und Bedürfnisse auf die anderen. Beispiel: „Ihr seht müde aus. Ich glaube, eine Pause täte euch jetzt gut."

6. *Konflikten ausweichen – harmonisieren*
Manche Menschen kehren Widersprüche und Gegensätzlichkeiten unter den Tisch. Sobald die Harmonie der Gruppe gefährdet scheint, blockieren sie Auseinandersetzungen. Beispiel: „Darüber wollen wir doch nicht streiten ...".

7. *Sich abhängig und bedürftig zeigen*
Jemand stellt sich als überfordert und hilflos dar und gibt dem anderen das Gefühl (oft nur nonverbal), dieser müsse Verantwortung übernehmen.

8. *Sich ständig beweisen*
Es ist besonders wichtig, immer kompetent zu wirken. Solche Menschen wissen alles, geben keine Fehler zu. Sie möchten auf alle Fälle einen guten Eindruck machen.

9. *Im Mittelpunkt stehen – beachtet werden müssen*
Jemand macht auf sich aufmerksam, indem er sich ständig in den Mittelpunkt der Geschehnisse rückt. Er setzt eigene Gefühle, Meinungen, aber auch Geschichten eindrucksvoll in Szene. Die anderen sind dabei nur Publikum.

10. *Offen, direkt und emotional mit anderen umgehen*
Sagen, was man meint – mitteilen, was man fühlt – sich ein-
bringen, wenn man es für richtig hält. Klingt nach dem Ide-
alstil – ist es auch. Aber ganz ehrlich: Finden Sie sich nicht
auch öfters in einem der anderen Stile wieder?

Grundsätzlich lässt sich sagen, dass derjenige, der über das **Ein großes**
größte Repertoire an Kommunikationsstilen verfügt, am bes- **Repertoire**
ten auf verschiedene Situationen reagieren kann und sie damit **ist nützlich**
meist auch kontrolliert.

Übung: Kommunikationsstil

Schritt 1

Finden Sie heraus, was Ihr bevorzugter Kommunikationsstil ist ...
- mit Ihrem Partner
- mit Ihren Kindern
- mit Mitarbeitern
- mit Ihrem Chef
- mit Behörden

Schritt 2

Suchen Sie sich einen Sparringspartner, mit dem Sie andere Stile trainieren. Probieren Sie ruhig die Stile, die Ihnen völlig widersprechen. Üben Sie sich im „Rollenspiel" und haben Sie ruhig
Spaß. Eine Flasche Rotwein kann bei dieser Übung nicht schaden,
ist aber natürlich nicht Voraussetzung.

- Jede Kommunikation hat eine Inhalts- und eine Beziehungsebene. Die Qualität der Beziehung bestimmt dabei, wie effektiv wir auf der Inhaltsebene sein können, um zum Beispiel Probleme oder Konflikte zu lösen.
- Mit den geeigneten Methoden kann man die Beziehungsebene sowohl langfristig als auch kurzfristig im konkreten Gespräch verbessern.
- Man kann, wenn man will.
- Man kann die Beziehungsebene auch mit einem Beziehungskonto vergleichen. Wenn man auf dieses Konto genug eingezahlt hat, kann man auch dann und wann etwas abheben. Konflikte und Probleme sind dann lösbar.
- Man kann jede Nachricht auf vier verschiedenen Kanälen, vier verschiedenen Ohren hören: Bezogen auf verschiedene Menschen und in verschiedenen Situationen haben wir durchaus unterschiedliche Lieblingsohren. Je nach Kanal, auf dem wir empfangen, empfinden wir eine Aussage als Angriff oder als Vorschlag.

Säule III

Überzeugen – oder: Wofür mache ich das eigentlich?

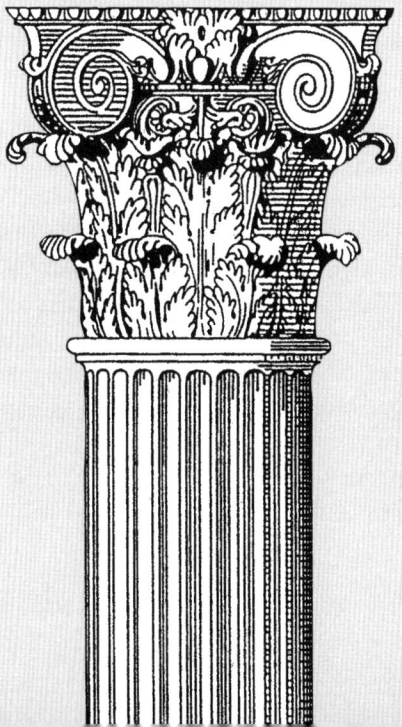

Das Leben ist manchmal ungerecht. Wie oft haben Sie das schon erlebt: Sie haben exzellente Argumente, die Tatsachen sind eindeutig auf Ihrer Seite. Doch dann kommt irgend so ein Selbstdarsteller, schlägt ein bisschen Schaum und bekommt, was er will. Die Fakten können noch so sehr für Sie sprechen – wenn Sie Ihre Argumente nicht überzeugend vorbringen können, haben Sie das Nachsehen.

Ist Überzeugungskraft erlernbar?

Natürlich könnten Sie jetzt sagen, dass es so etwas halt gibt: Manche Menschen können sich einfach besser verkaufen. Es mag ja sein, dass es Menschen gibt, die das im Moment besser können als Sie. Aber muss man das als gegeben hinnehmen oder ist Überzeugungskraft erlernbar? Was machen diese Leute eigentlich anders? Was genau tun sie, um ihre Ziele zu erreichen? Gibt es Methoden oder Strategien, die diese Menschen (vielleicht unbewusst) anwenden und die wir übernehmen können? Methoden und Strategien, die jedem Menschen helfen, seine Ziele leichter und effektiver zu erreichen?

Lassen Sie uns auf den folgenden Seiten betrachten, wie Überzeugung funktioniert und was Sie tun können, um Ihren Argumenten möglichst viel Kraft zu verleihen.

Zielorientiert argumentieren

Bevor wir uns mit Überzeugungstechniken befassen, muss ich Sie noch vor einer grundsätzlichen Gefahr warnen: Gerade bei schwierigen Themen und komplexen Verhandlungen ist es leicht, sich auf Nebenkriegsschauplätzen und in Detailfragen zu verzetteln. Da wird regelmäßig um unbedeutende Fragen gestritten, man verliert Zeit und Energie und im schlimmsten Fall das Ziel aus den Augen. Die Beziehungsebene wird belastet und Fronten verhärten sich. Dabei ist es eigentlich relativ einfach, das zu vermeiden und stattdessen stringent und überzeugend die eigenen Ziele zu verfolgen. Sie brauchen dafür nur eine Art inneren Leitfaden, eine innere Struktur.

Lassen Sie uns zuerst einmal kurz darüber nachdenken, wie die meisten von uns argumentieren gelernt haben. In der Schule, im Deutschunterricht, oder? Da hieß das dann Erörterung oder so und fing normalerweise mit einer Stoffsammlung an. Wir sollten möglichst viele Punkte für oder gegen unseren Standpunkt finden und die dann irgendwie anordnen. Die meisten von Ihnen kennen wohl noch dieses Schema von These, Antithese und Synthese. Im Ernst: Wie viele wirklich überzeugende Deutschlehrer kennen Sie? Ich möchte wirklich niemandem unrecht tun und ich weiß, dass die meisten Lehrer ihren Beruf mit großer Hingabe und Engagement ausüben. Aber vielleicht ist das, was sie uns über Überzeugung beigebracht haben, schlicht und einfach falsch?

Ich möchte Ihnen einen Gegenentwurf vorschlagen. Vergessen wir doch erst mal alles, was mit Stoff- oder Argumentesammlung zu tun hat. Stellen Sie sich stattdessen drei ganz einfache Fragen:

Ziel klären statt Argumente sammeln

1. Was genau ist mein Ziel?
2. Was hat der andere davon?
3. Wozu fordere ich auf?

Diese drei Fragen klingen vielleicht banal, aber lassen Sie sich nicht täuschen. Die haben es in sich!

Was genau ist mein Ziel?

Ich glaube, es war Seneca, der gesagt hat: „*Es gibt keinen günstigen Wind für den, der nicht weiß, wohin er segeln will.*" Diese Aussage ist zwar schon uralt, aber immer noch extrem wichtig. Definieren Sie vor jedem Gespräch, vor jeder Verhandlung genau Ihr Ziel. Formulieren Sie Ihr Ziel in einem einfachen Satz mit maximal einem Komma. Schreiben Sie dieses Ziel auf. Das klingt simpel, funktioniert aber.

Allein schon diese einfache Technik bewirkt, dass Sie deutlich fokussierter sind. Überlegen Sie aber genau, was Sie als Ziel formulieren: „Ich möchte Sie über die Möglichkeiten informieren, Ihr neues Haus zu finanzieren." Klingt gut, aber was ist das Ziel, das erreicht werden kann? Informiert ist der andere nach diesem Gespräch, aber überzeugt? Was wird er tun? Kann er nicht entscheiden oder hat er so viel Information, dass er noch mindestens eine Nacht drüber schlafen muss?

Was hat der andere davon?

Sie sind schon überzeugt, oder? Wir müssen also nicht darüber nachdenken, warum Ihre Position für Sie gut ist. Wenn Sie zum Beispiel eine Gehaltserhöhung wollen, müssen Sie wirklich nicht darüber nachdenken, warum Sie mehr Geld brauchen. Das klingt hart, aber es interessiert niemanden, ob Sie eine größere Wohnung oder endlich wieder einmal Urlaub brauchen.

Der Köder muss dem Fisch schmecken ... Überlegen Sie stattdessen, was Ihr Gesprächspartner von Ihrem Vorschlag, Ihrer Argumentation und vor allem von Ihrem Ziel hat. Was hat Ihr Chef davon, wenn er Sie befördert? Denken Sie immer daran: „Der Köder muss dem Fisch schmecken und nicht dem Angler." Sie sind schon überzeugt. Also versetzen Sie sich in Ihr Gegenüber und betrachten Sie die Situation aus seinen Augen.

Wozu fordere ich auf?

Als Letztes formulieren Sie Ihre Forderung. In unserem Kulturkreis werden Forderungen häufig nur angedeutet, durch die Blume oder bestenfalls als Wunsch formuliert. Wer nichts fordert, bekommt nichts. Überlegen Sie sich daher genau, was Sie wollen, und sagen Sie dies auch konkret und unmissverständlich. Fordern hat schließlich nichts mit Unhöflichkeit oder Aggressivität zu tun, vielmehr mit Klarheit und Orientierung. Formulieren Sie Ihr Ziel klar und eindeutig. Und dann benennen Sie es! Gern auch mit einem Lächeln.

Sag, was du willst, und du bekommst, was du verlangst!

Diese drei Fragen sind ein hervorragendes Werkzeug, um eine Verhandlungsstrategie vorzubereiten. Sie eignen sich aber auch exzellent als Leitfaden für ein Statement oder einen Diskussionsbeitrag.

Auf der Homepage zum Buch http://kommunikation.peterbrandl.com finden Sie Arbeitsblätter und Formulare hierzu.

Grundregeln der Rhetorik

Neben diesen grundsätzlichen Überlegungen der Vorbereitung möchte ich Ihnen aber auch einige der zentralen Werkzeuge wirkungsvoller Rhetorik aufzeigen.

Beginnen Sie mit einem starken Argument oder einer besonderen Attraktion

Schon in den antiken Rednerschulen finden Sie diese Forderung. Der Grund, mit einem starken Argument anzufangen, war damals wie heute der gleiche: Sie müssen die Aufmerksamkeit Ihrer Zuhörer auf sich ziehen. Gehen Sie nicht davon aus, dass Ihre Gesprächspartner mehr als nur physisch anwesend sind. Meistens sind unsere Mitmenschen mit ihren Gedanken irgendwo, nur nicht bei unserem Thema. Sie können davon ausgehen, dass bei Ihrem Gegenüber ein unbewusster Prozess abläuft, der nur wenige Sekunden dauert. Das Ergebnis ist die Entscheidung, ob man sich auf Sie konzentriert und Ihnen weiter

Mit einem Erdbeben beginnen ...

zuhört oder eben nicht. Beginnen Sie also stark, damit Ihnen die volle Aufmerksamkeit Ihrer Gesprächspartner sicher ist.

Außerdem kennen Sie sicher den Effekt des ersten Eindrucks. Wenn Sie den bei Ihrer zukünftigen Schwiegermutter vergeigt haben, brauchen Sie wirklich lange, um das wieder auszugleichen. Der erste Eindruck ist dominant, also nutzen und gestalten Sie diesen Moment.

Enden Sie mit dem stärksten Argument

Der letzte Eindruck bleibt Der letzte Eindruck bleibt erhalten. Das menschliche Gehirn funktioniert ähnlich einer Endlosschleife, die sich selbst immer wieder überschreibt. Nur die letzten paar Meter Tonspur bleiben erhalten. Sorgen Sie daher dafür, dass der letzte Eindruck, den Ihre Gesprächspartner von Ihnen haben, ein starker und positiver ist.

Diesen Effekt des letzten Eindrucks können Sie auch nutzen, indem Sie am Ende einer schwierigen, kontroversen Verhandlung gezielt einen positiven Reiz (zum Beispiel ein kleines Entgegenkommen) setzen. Dieser Reiz wird dominant und überstrahlt alle anderen Erfahrungen.

Positive Argumentation wirkt stärker als aversive

Negatives löst Abwehr aus Aversive, also unangenehme oder bedrohliche Argumente lösen häufig eine Abwehrreaktion aus. Der Grund für diese Reaktion hat einen Namen: Psychohygiene. Unsere Psyche neigt dazu, alles, was belastend oder beängstigend ist, auszublenden oder zu verdrängen. Kein Raucher wird die Gefahren seiner Sucht wirklich auf sich beziehen. Im Grunde seines Herzens glaubt jeder, dass es immer nur die anderen trifft. Insofern sind Kampagnen mit abschreckenden Bildern auf Zigarettenpackungen mehr als fragwürdig.

Ganz anders sieht es bei positiver Argumentation aus. Die Chance auf einen Sechser im Lotto liegt bei 1 zu 140.000.000. Trotzdem verfallen jede Woche Millionen Menschen in tiefe Zuversicht und geben ihren Tippzettel ab. Und diese (vermeintlich) positive Reaktion kann so stark sein, dass sie zur Sucht wird. Versuchen Sie also, wenn es möglich ist, vorwiegend positive Argumente zu verwenden, um Ihre Überzeugungskraft nachhaltig zu stärken.

Der Nutzen muss in der Zukunft liegen

Versuchen Sie mal, ein Kind davon zu überzeugen, ins Bett zu gehen mit dem Argument, es hätte ja heute ein Eis bekommen. Jedes gesunde Kind wird sich denken: „Warum soll ich etwas tun für etwas, das ich schon lange verdaut habe?" Etwas, das wir schon haben, ist nicht sehr erstrebenswert. So geht es nicht nur Kindern, sondern auch Ihren Verhandlungspartnern. Der Nutzen Ihrer Argumente muss erstrebenswert sein und in der Zukunft liegen. In einer Gehaltsverhandlung ist es deswegen nur beschränkt wirksam, damit zu argumentieren, was Sie in der Vergangenheit geleistet haben. Selbst wenn das enorm war, werden Sie kaum mehr als eine Anerkennung bekommen.

Nutzen muss erstrebenswert sein

Ungerecht? Ja! Aber so ist es nun mal. Wenn Sie jemanden motivieren wollen, Ihnen entgegenzukommen oder etwas für Sie zu tun, dann müssen Sie im Gegenzug etwas anbieten. Und das muss attraktiv sein und in der Zukunft liegen.

Von zwei Alternativen wirkt die zweite stärker

Vergleichen Sie bitte zwei Sätze: „Das Auto ist gut, aber teuer." – „Das Auto ist teuer, aber gut." Welcher Satz wirkt positiver? Natürlich der zweite. Von zwei Alternativen wirkt die zweite immer stärker. Verfallen Sie daher bitte nicht der Illusion, Sie könnten objektiv über zwei Alternativen berichten. Achten Sie vielmehr darauf, dass Sie die Option, die Sie favorisieren, immer als zweite präsentieren.

Weniger ist mehr

Martin Luther hat mal gesagt: „*Alles sagen zu wollen ist das Geheimnis, langweilig zu werden.*" Beschränken Sie sich in Ihrer Argumentation auf wenige, starke Kernargumente. Hierfür gibt es zwei zentrale Gründe:

1. Die meisten Verhandlungspartner können sich nicht mehr als drei bis vier Argumente merken. Alles, was zusätzlich kommt, verdrängt etwas vorher Gehörtes. Ihre Argumente werden dadurch verwässert, Ihr Verhandlungspartner verliert den Überblick und Sie verzetteln sich.
2. Ein cleverer Verhandlungsgegner wird sich immer Ihr schwächstes Argument aussuchen, nur darauf herumreiten und alle Ihre guten anderen Argumente ignorieren.

Wer Wichtiges zu sagen hat, macht keine langen Sätze!

Stellen Sie den Nutzen in den Vordergrund

Reine Fakten haben nur eine begrenzte Kraft. Konzentrieren Sie sich deshalb auf den Nutzen, den Ihr Verhandlungsvorschlag für Ihren Partner generiert, und stellen Sie sicher, dass Sie diesen Nutzen auch deutlich kommunizieren. (Vergleichen Sie hierzu auch das Kapitel zur Standpunktformel.)

Achten Sie auf das Wort „eigentlich"

„Eigentlich" ist ein ganz besonderes Wort in der deutschen Sprache. Einem Satz, der mit „eigentlich" beginnt, muss nämlich ein Satz mit „aber" folgen. Sonst ergibt er keinen Sinn:

- „Eigentlich wäre es Zeit für eine Pause."
- „Eigentlich ist das Angebot sehr günstig."

Wie häufig hören wir solche oder ähnliche Sätze? Oft, oder? Das Dumme ist nur, dass die fehlenden Aber-Sätze vom Gehirn des Gegenübers ergänzt werden:

Auf „eigentlich" folgt „aber"

- „Eigentlich wäre es Zeit für eine Pause – aber wahrscheinlich muss ich wieder durcharbeiten."
- „Eigentlich ist dieses Angebot sehr günstig – aber ich habe mir vorgenommen, über jede Entscheidung mindestens eine Nacht zu schlafen."

Achten Sie darauf, dass Sie das Wort „eigentlich", wenn überhaupt, nur sehr bewusst einsetzen. Und zwar dann, wenn Sie wirklich eine Aber-Einschränkung machen wollen. Sie können dieses Ergänzungsphänomen natürlich auch ganz bewusst und gezielt nutzen:

- „Eigentlich sollten Sie über diesen Kauf noch mal nachdenken ..."
- „Eigentlich sollten Sie das Buch erst ganz zu Ende lesen und nicht gleich auf die Homepage zum Buch http://kommunikation.peterbrandl.com gehen ..."

Wie funktioniert Überzeugung?

Wir haben jetzt schon einiges über Argumentation und Rhetorik besprochen. Aber das, was wir wollen, ist ja überzeugen oder zumindest zielgerichtet argumentieren. Gut, aber was ist Überzeugung?

Vernunft hilft nur begrenzt Versuchen Sie doch mal, einem Menschen mit Angst vor Spinnen zu erklären, dass diese Angst (zumindest in Mitteleuropa) völlig unbegründet ist. Sie können noch so viele Statistiken und Untersuchungen herbeiziehen, die eindeutig belegen, dass diese Spinne an der Wand sicher nicht in den nächsten Sekunden ihre Körpergröße verhundertfacht und unseren Phobiker in einem Happs verschlingt. Der Mensch mit Spinnenangst weiß das – mit seinem vernünftigen Verstand. Aber hilft das?

Oder Flugangst. Natürlich wissen Sie, warum ein Flugzeug fliegt. Die Grundzüge von Auftrieb und Aerodynamik sind wirklich fast jedem klar. In meiner Ausbildung zum Linienpiloten konnte ich sogar ausrechnen, welcher Auftrieb an einer bestimmter Stelle einer Tragfläche wirkt. Aber überzeugt uns das wirklich? Oder geht es Ihnen wie mir, dass Sie am Flughafen stehen und jedes Mal, wenn so ein richtig dickes Ding landet, völlig fasziniert sind und eigentlich nicht fassen können, dass so ein Teil einfach in der Luft bleibt. Rational etwas zu wissen, das geht, aber es emotional verstehen? Und das ist auch schon die Überleitung:

....

Überzeugung ist ein Gefühl!

....

Wenn wir also einen Menschen überzeugen wollen, müssen wir vor allem ein Gefühl auslösen. Natürlich muss dieses Gefühl im zweiten Schritt mit Fakten und Argumenten unterfüttert werden. Aber am Anfang steht ein Gefühl. Schauen wir uns das Ganze etwas genauer an!

Wie werden Entscheidungen getroffen?

In meinen Vorträgen und Seminaren diskutiere ich immer wieder darüber, wie Menschen Entscheidungen treffen. Die Grundüberzeugung, auf die ich dabei treffe, ist immer die gleiche: Viele meiner Teilnehmer sind davon überzeugt, Entscheidungen wohlüberlegt und nach reiflicher rationaler Abwägung zu treffen. Gilt nicht Descartes' Grundsatz „Ich denke, also bin ich"?

Leider trifft diese Annahme nur sehr begrenzt zu. In meinem Buch „Crash Kommunikation" habe ich die Funktionsweise des „Systems Mensch" beschrieben. Anhand der Untersuchungsergebnisse von Flugzeugunfällen kann man sehr gut darstellen, wie der Mensch, seine Denkweise und eben auch seine Art zu entscheiden funktionieren. Diese Erkenntnisse kann man oft eins zu eins auf das Geschäftsleben übertragen. In „Crash Kommunikation" habe ich daraus das Konzept des „Company Resource Management (CRM)" entwickelt. Hier möchte ich nochmals auf einige Grundlagen eingehen, die für typische Gesprächs- oder Verhandlungssituationen relevant sind. Grundsätzlich haben wir zwei Entscheidungssysteme, das rational-analytische und das nicht bewusste somatisch-emotionale System.

Zwei typische Entscheidungssysteme

Rational-analytische Entscheidungen

Sicher kennen Sie Sätze wie „Sei vernünftig!", „Denk nach!", „Benutz dein Gehirn!" usw. Diese Sätze machen deutlich, dass es eine Grundannahme gibt, wie vernünftige Entscheidungen zu funktionieren haben. Nämlich logisch, rational und abwägend. Und genau das macht dieses rational-analytische System. Es wägt ab, bezieht möglichst viele Fakten mit ein, es strukturiert und relativiert.

Der Vorteil dieses Systems liegt darin, dass nahezu alle Wägbarkeiten im Entscheidungsprozess Beachtung finden können. Der Nachteil liegt aber darin, dass dieses System unglaublich lang-

Rationalität ist langsam

sam ist. Jeder kennt Situationen, in denen er ins Grübeln gekommen ist. Und Sie wissen auch, dass, je länger das Grübeln (abwägen, rationalisieren, relativieren) anhält, es umso schwerer wird, eine Entscheidung zu treffen. Unser Gehirn funktioniert in diesem Modus wie ein alter, langsamer Computer mit einem ziemlich kleinen Arbeitsspeicher. Sobald einige Programme geöffnet sind (einige Optionen abzuwägen sind), rechnet der Computer zwar, aber am Bildschirm sieht man nichts mehr. Wir grübeln und grübeln. Allerdings sollten wir nicht davon ausgehen, dass irgendjemand darauf wartet, bis wir endlich zu einer Entscheidung gekommen sind. Aus diesem Grund benutzen wir im Normalfall unser zweites System:

Nicht bewusste, somatisch-emotionale Entscheidungen

In den meisten Alltagssituationen bleibt nicht die Zeit, um tage- oder wochenlang zu grübeln. Vielmehr müssen wir auf ein Werkzeug zurückgreifen können, das es uns ermöglicht, schnell zu reagieren.

In einer Untersuchung wurden Feuerwehrhauptleute dahingehend befragt, wie sie bestimmte Entscheidungen treffen. Viele dieser Feuerwehrhauptleute haben schon Entscheidungen gefällt, die für weniger erfahrene Kollegen unverständlich erschienen, die sich aber im Nachhinein als richtig herausstellten. Auf die Frage, warum sie so entschieden hatten, antworteten sie meist: „Keine Ahnung. Ich hatte so ein Gefühl."

Somatische Marker Psychologisch erklärt man dieses Phänomen so: Unser (nicht bewusstes) Gehirn vergleicht in jedem Augenblick die aktuelle Situation mit sämtlichen ähnlichen Situationen, die wir jemals erlebt haben. Sobald nun eine wie auch immer geartete Abweichung von der „Norm" eintritt, gibt uns dieser unbewusste Teil des Nervensystems einen Hinweis in Form eines somatischen Markers, also zum Beispiel „dieses bestimmte Gefühl".

Diese Verarbeitung läuft unglaublich schnell ab. Und hierin liegt auch der Vorteil der nicht bewussten, somatisch-emotionalen Entscheidungen: Sie ermöglichen es, in extrem kurzer Zeit zu reagieren und zu handeln. Der Nachteil dieses Systems besteht darin, dass die Hinweise (Marker), aber auch die Entscheidungskriterien oft sehr diffus sind. Gleichzeitig sind die Reaktionen weitgehend undifferenziert (Schwarz-Weiß-Denken).

Schwarz-Weiß-Denken ist schnell

Nun war es in der Vergangenheit meistens besser, einmal zu oft zu fliehen, als einmal zu oft darüber nachzudenken, ob das Knacken im Gehölz nebenan eher vom Wind als vom Säbelzahntiger kam. Derjenige, der seinem unbewussten, somatisch-emotionalen Entscheidungssystem traute, hatte die signifikant besseren Überlebenschancen.

Sekundäre Rationalisierungen

Dieses System war Jahrmillionen erfolgreich und ist deshalb immer noch unser primäres Entscheidungssystem. Allerdings werden, da wir heute nur selten unter diesem extremen Zeitdruck stehen, diese unbewusst-emotionalen Entscheidungen durch eine zweite Strategie ergänzt und nachgerade zementiert.

Wir treffen eine unbewusst-emotionale Entscheidung und im zweiten Schritt, aber wirklich erst im zweiten Schritt wird diese Entscheidung durch das Großhirn rationalisiert. Das Großhirn sucht (und findet) Gründe, die das Verhalten rechtfertigen und es sogar als zwingend notwendig erscheinen lassen. Wir sollten uns aber immer bewusst sein, dass diese Begründungen erst im zweiten Schritt generiert werden. Daher heißen sie auch „sekundäre Rationalisierungen".

Das Großhirn begründet im Nachhinein

Wie schon gesagt, greifen die unbewussten Gehirnanteile im Rahmen dieses Prozesses auf sämtliche, jemals in ähnlichen Situationen gemachte Erfahrungen zurück. Neben dieser Erfahrungssteuerung gibt es aber noch weitere Programme, die einen zentralen Einfluss sowohl auf die nicht bewussten, somatisch-emotionalen als auch auf die rational-analytischen Entscheidungen ausüben.

Übung: Entscheidungen fällen

Finden Sie drei wirklich wichtige Entscheidungen, die Sie in den letzten Jahren getroffen haben. Waren das eher Kopf- (also rationale) oder eher Bauchentscheidungen?

Wenn Sie jemand anderem (nicht Ihrem/Ihrer besten Freund/Freundin) von dieser Entscheidung berichtet haben, war das dann eher mit rationalen Argumenten?

Wesentliche Entscheidungen sind Bauchentscheidungen

Und? Vielleicht geht es Ihnen wie mir – die wirklich wichtigen Entscheidungen in meinem Leben waren immer Entscheidungen, in denen ich meinem Gefühl gefolgt bin. Aber wenn ich darüber berichtet habe, waren es meistens sehr einleuchtende, rationale Gründe. Und das ist schließlich gut so. In einem Projektmeeting kommt es nicht gut zu sagen: „Ich streiche das Budget, weil ich ein komisches Gefühl habe." Dennoch: Das Gefühl war zuerst da. Und deshalb müssen wir auch als Erstes eine Emotion beim anderen auslösen und als Zweites rationale Begründungen nachschieben.

Referenzindex

Alles, was wir tun, und alles, was wir erleben, relativieren wir anhand einer bestimmten Referenz. Nehmen Sie zum Beispiel einmal bewusst die Temperatur des Raumes wahr, in dem Sie sich gerade befinden. Ist Ihnen die Temperatur angenehm? Ist es zu kalt oder zu warm? Unterstellen wir, Sie empfinden die Temperatur als angenehm. Wenn Sie jetzt, so wie Sie sind, für zehn Minuten in die Sauna gehen und danach wieder an den gleichen Platz zurückkehren, können Sie sich vorstellen, dass es Ihnen zu kalt ist? Oder Sie stehen von Ihrem angenehmen Platz auf und gehen zehn Minuten im Winter ohne Jacke oder Mantel im Freien spazieren. Wahrscheinlich werden Sie es nun als warm empfinden. Fakt ist, die Temperatur blieb immer die gleiche. Nur Ihre Wahrnehmung, Ihre Empfindung hat sich verändert.

Jede Situation, aber auch jede Entscheidung bewerten wir anhand eines Vergleichswertes, eines Referenzindex. Im obigen Beispiel wird die Raumtemperatur zu der gerade eben noch gefühlten Temperatur in Relation gesetzt. In einer Verhandlung wird die im Raum stehende Option mit der bestmöglichen aktuellen Option verglichen. Vereinfacht gesprochen, ist also jede Entscheidung eine emotionale Abwägung zwischen Lust und Schmerz, zwischen Pleasure und Pain.

Wir vergleichen immer

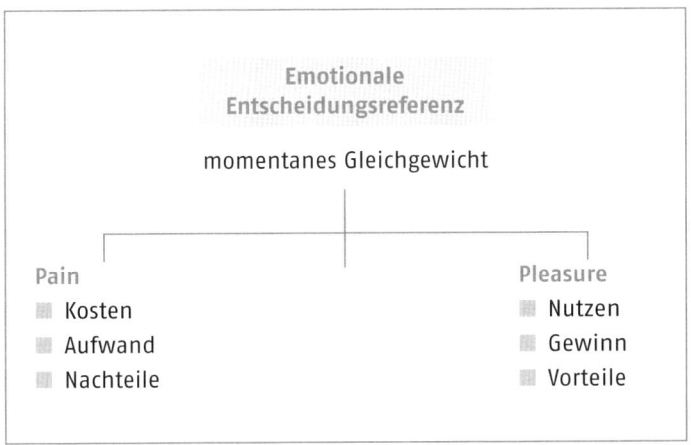

Lust suchen oder Leid vermeiden?

Für unsere Überzeugungsstrategie bedeutet das, wie schon gesagt: Im ersten Schritt lösen Sie eine Emotion aus und untermauern diese dann im zweiten Schritt mit Argumenten (damit das Großhirn Ruhe gibt).

Mit den drei folgenden Fragen können Sie die Erkenntnisse der Entscheidungspsychologie auf ganz einfache Art und Weise auf eine Verhandlungs- oder Überzeugungsstrategie anwenden.

Analysefragen zum Argumente-Check

- Inwieweit verändert das Argument das emotionale Gleichgewicht?
- Wird der Nutzen erhöht, also das Soll attraktiver?
- Werden die Nachteile verstärkt, also das Ist unattraktiver?

Trifft keines von beidem zu:
Lassen Sie das Argument weg!

Gewohnheitssteuerung und Entscheidungsfindung

Rituale steuern uns Ob es uns gefällt oder nicht, menschliches Verhalten wird vornehmlich durch Gewohnheiten gesteuert. Die meisten Menschen verfolgen zum Beispiel am Morgen immer dieselben Rituale: angefangen damit, was sie tun, nachdem der Wecker geklingelt hat, wie oft sie sich noch umdrehen oder ob sie gleich aufstehen; dann weiter, was im Bad passiert, alles läuft ab nach einem stereotypen Programm.

Im Alltag ist diese Autopilot-Steuerung gar nicht so schlecht. Wir müssen uns nämlich nicht um Routinetätigkeiten kümmern, da diese automatisiert ablaufen. Vielmehr haben wir die Ressourcen unseres Großhirns frei und können uns mit neuen oder kreativen Tätigkeiten befassen. Dieser Vorteil ist jedoch zugleich der Hauptnachteil der Gewohnheitssteuerung. Denn: Auch ein Großteil unserer Entscheidungen wird in Wirklichkeit vom Autopiloten getroffen.

Je stärker Sie sich über Ihre eigenen und die Gewohnheiten und Routinen Ihres Partners im Klaren sind, umso leichter wird es sein, Verhalten vorherzusehen und zu berechnen. Und Verhalten, das berechenbar ist, ist auch steuer- und beeinflussbar.

Sich seiner Gewohnheiten bewusst werden

Entscheidungsfindung:

- Entscheidungen werden vorwiegend auf der nicht bewussten, somatisch-emotionalen Ebene getroffen.
- Persönliche Programme und Vorlieben bestimmen Entscheidungen stärker als Fakten.
- Entscheidungen werden erst im zweiten Schritt rational begründet und untermauert.
- Eine Entscheidung ist das Abwägen von emotionalen Kosten und Nutzen.
- Eine Entscheidung ist umso bedeutender, je mehr sie an Emotionen gekoppelt ist.

Argumentation mit der Standpunktformel

Ist es nicht faszinierend? Wir reden immer von besseren oder mehr Argumenten. Doch wie viele wirklich gute Argumente haben Sie im Normalfall? Zwei? Drei? Sicherlich nicht deutlich mehr, oder?

Welchen Sinn hat es dann also, nach mehr und mehr Argumenten zu suchen? Diese zusätzlichen Argumente können doch bestenfalls schwach sein? Und was macht unser Verhandlungspartner mit schwachen Argumenten? Richtig: Er pickt sie heraus, reitet darauf herum und ignoriert alles andere. Da ist es doch sinnvoller, wir lassen die schwachen Argumente gleich weg und konzentrieren uns auf die wenigen starken, die wir haben.

Dann suchen wir eben nach stärkeren Argumenten. Aber ist das der richtige Weg? Haben Sie es schon erlebt, dass Ihre Argumente perfekt, stichhaltig und eigentlich eindeutig waren? Eigentlich – denn wie auch immer kam ein anderer mit deutlich dünneren Argumenten, erzählte ein paar Geschichten und stach Sie aus. Obwohl Ihre Argumente deutlich besser waren. Es scheint also weder auf die Menge noch auf die innere Stärke der Argumente anzukommen. Vielmehr ist die Art und Weise relevant, wie Argumente präsentiert werden, wie eine Argumentation aufgebaut wird.

Weiter oben habe ich darüber geschrieben, dass Überzeugung ein Gefühl ist. Ein Argument muss also, um überzeugend zu sein, eine Emotion auslösen und diese Emotion dann im zweiten Schritt rechtfertigen. Doch wie geht das?

Die SAMBA-Technik Ich möchte Ihnen ein Werkzeug vorstellen, das auf der klassischen Fünf-Satz-Technik der antiken Rednerschulen basiert. Ich habe diese Technik etwas angepasst und modernisiert und daraus die SAMBA-Formel effektiver Argumentation entwickelt. Wie funktioniert SAMBA?

Um wirklich zu überzeugen, sind zwei Dinge notwendig:

1. Die wenigen wirklich guten Argumente müssen optimal genutzt und damit perfekt und strukturiert aufbereitet werden.
2. Um zu vermeiden, dass man sich verzettelt und sich auf Nebenkriegsschauplätzen verliert, muss alles, was gesagt wird, eine klare Struktur haben.

Beides erreichen Sie mit dieser Technik:

S tandpunkt
A rgument
M ein Nutzen
B eispiel / Beleg / Beweis
A ufforderung

Standpunkt

Als Erstes nennen Sie Ihr Ziel. Sagen Sie klar und deutlich, was Sie wollen. Denken Sie daran: Wer nichts fordert, bekommt nichts! „Ich bin für frisches Obst im Büro!" Oder: „Ich möchte euch davon überzeugen, dass wir in Zukunft immer einen Korb mit frischem Obst im Büro stehen haben!" Sagen Sie deutlich, worum es Ihnen geht. Vermeiden Sie Weichmacher wie Konjunktive, Füllfloskeln oder Entschuldigungen, also nicht: „Es wäre doch eigentlich nicht schlecht, wenn wir ab und zu ein bisschen Obst im Büro haben könnten."

Sagen Sie, was Sie wollen!

Argument

Natürlich müssen Sie Ihren Standpunkt auch begründen. Deshalb sagen Sie zweitens, warum Sie dieses Ziel erreichen wollen, Ihr Argument! „Obst stärkt das Immunsystem und beugt Krankheiten vor." Denken Sie hier daran, dass weniger oftmals mehr ist. Verwenden Sie also nur starke und möglichst relevante Argumente.

Mein Nutzen

Wir hatten vorhin schon darüber gesprochen, dass Überzeugung ein Gefühl ist. Insofern wird es jetzt interessant. Menschen sind Egoisten. Das klingt vielleicht etwas polemisch, ist aber so. Wir tun nur dann etwas, wenn wir darin einen bestimmten Nutzen sehen. Dieser Nutzen muss nicht unbedingt materiell sein, Anerkennung oder Zugehörigkeit zu einer bestimmten Gruppe können sehr starke positive Nutzen sein.

Was hat der andere davon? Natürlich ist dieser Nutzen, dieser Motivator sehr individuell. Denken Sie also weniger darüber nach, warum Sie etwas wollen, sondern mehr darüber, was Ihr Ziel dem anderen bringt. Der Köder muss bekanntlich dem Fisch schmecken und nicht dem Angler. Um in unserem Beispiel zu bleiben:

- Nutzen für den Chef: „Weniger Krankheiten bedeuten weniger Fehlzeiten und damit Kostenersparnis."
- Nutzen für einen Kollegen: „Ein besseres Immunsystem bringt jedem etwas. Es kann doch nicht sein, dass wir bei diesem ganzen Stress hier auch noch krank werden und am Ende sogar unsere Familien anstecken."

Beispiel / Beleg / Beweis

Behaupten kann man viel, dass alles nur zu unserem Besten sei – auch das haben wir schon irgendwo gehört. Insofern ist der vierte Schritt der SAMBA-Formel wichtig. Hier belegen Sie Ihre Argument-Nutzen-Kopplung mit einem Beispiel oder einem Beweis. So ein Beispiel kann ein persönliches Erlebnis, ein Vergleich, eine Metapher, aber auch eine Statistik sein.

Ich bin immer wieder fasziniert, wie felsenfest viele Menschen davon überzeugt sind, sich nicht von „Geschichten" blenden zu lassen, sondern sich ausschließlich an Fakten zu orientieren. Bitte! Die Frage ist doch nur, wie wir die Geschichten formulieren.

Geschichten überzeugen

- Für den Mitarbeiter: „Stell dir nur vor, du fängst dir hier etwas ein. Kein Wunder bei der Klimaanlage. Und dann steckst du zu Hause dein Kind an. Und der Kleine muss das dann ausbaden. Willst du das?"
- Für den Chef: „Wir haben durchschnittlich 6,9 Krankheitstage pro Mitarbeiter. Aktuelle Studien belegen, dass man das bei entsprechender Vorsorge um 25 Prozent senken kann. Seien wir konservativ: Wenn wir nur 10 Prozent schaffen, sind das 0,69 Tage pro Mitarbeiter. Wir haben etwa 1000 Beschäftigte. Wir reden also über 690 Tage, mehr als drei Mann-Jahre. Können Sie sich vorstellen, wie viel wir so einsparen können?"

Aufforderung

Wer nichts fordert, bekommt nichts. Insofern schließen Sie Ihre Argumentation jetzt mit einer klaren Handlungsaufforderung ab. Sagen Sie dem anderen, was er jetzt tun soll: „Besorgen wir endlich diesen Obstkorb. Jetzt!"

Vorteile von SAMBA

Wie gesagt, haben schon die antiken Rednerschulen diese Technik (in ihrer Grundform) gelehrt und sie funktioniert bis heute hervorragend. Das hat zwei Hauptgründe: Der erste Grund für die Wirksamkeit liegt in der Strukturiertheit der Methode. Wenn Sie diese Technik anwenden, laufen Sie weit weniger Gefahr, sich zu verzetteln. Sie werden Ihr Argument strukturierter und überzeugender anbringen können und es wird Ihnen leichter fallen, Gehör zu finden.

Der zweite zentrale Vorteil der SAMBA-Formel liegt in der Beispielhaftigkeit. Entscheidungen und damit Überzeugungsarbeit sind an Emotionen gekoppelt. Die Konsequenz hieraus ist, dass Fakten nicht die entscheidende Rolle spielen, sondern die Überzeugung Ihres Gesprächspartners vielmehr durch Beispiele und individuelle Bilder geprägt wird. Sie erinnern sich an die Situation, als Ihre Argumente absolut schlagend waren, Sie sich aber trotzdem nicht durchsetzen konnten? Wahrscheinlich hat Ihr Konkurrent einfach die besseren Beispiele gehabt und konnte die besseren Geschichten erzählen.

Beispiele sind wichtiger als Argumente Machen Sie sich immer wieder bewusst, dass die eigentliche Überzeugungsarbeit nicht von den Argumenten, sondern von den Beispielen geleistet wird. Es ist also von zentraler Bedeutung, gute Beispiele zu entwickeln. Beispiele, mit denen Ihre Zuhörer etwas anfangen und mit denen sie etwas verbinden können.

Übrigens: Anstatt schwache Argumente zu verwenden, ist es sinnvoller, sich auf wenige, starke Argumente zu konzentrieren und diese mit verschiedenen guten Beispielen jeweils zu separaten SAMBAs zu entwickeln.

Emotionsköder

Eben, bei der SAMBA-Technik, haben wir gesehen, wie wichtig es ist, individuelle, emotionale Beispiele zu finden. Doch wie schafft man das? Gibt es eine Art Struktur, die hilft, sich schnell auf ein Gegenüber einzustellen und mit hoher Wahrscheinlichkeit den richtigen Köder zu finden? In ihrem Buch „Verkaufsprofiling" entwickelt Katja Porsch das Konzept einer psychologischen Landkarte, die es möglich macht, regelrecht zum Profiler seiner Gesprächspartner zu werden. Eine Methode aus diesem Konzept ist für uns besonders interessant, die MÄRZ-Formel.

M otive

Ä ngste

R isiken

Z iele

Die MÄRZ-Formel

- *Motive:* Was sind die Motive des anderen? Was treibt ihn an? Was ist in seinem Leben besonders wichtig?
- *Ängste:* Wovor hat Ihr Partner Angst? Was könnte er befürchten? Was sind konkrete (oder auch eingebildete) Bedrohungen?
- *Risiken:* Welche Risiken sieht Ihr Gesprächspartner? Welche Stolpersteine liegen in seinem Weg? Wo liegen für ihn mögliche Schwierigkeiten?
- *Ziele:* Was sind die Ziele Ihres Partners? Was will er erreichen? Wofür macht er das alles?

Entwickeln Sie vor jedem wichtigen Gespräch die MÄRZ-Formel für Ihren Gesprächspartner und stimmen Sie Ihre SAMBAs darauf ab. Entwickeln Sie die MÄRZ-Formel aber auch für sich selbst. Machen Sie sich bewusst, was Ihre Motive, Ängste, Risiken und Ziele sind. Es könnte sein, dass Sie sich sonst selbst sabotieren.

- Überzeugung ist ein Gefühl!
  - Entscheidungen und Überzeugungen entstehen im Zwischenhirn, dem Sitz der Emotionen, und deshalb sind Emotionen auch die Basis jeder Überzeugung.
- Das Großhirn braucht Futter:
  - Emotionen allein reichen natürlich nicht aus. Im zweiten Schritt müssen Sie dem Großhirn Futter geben. Sekundäre Rationalisierungen nennt man das.
- Verwenden Sie nur wenige Kernargumente:
  - Die Aufnahmefähigkeit ist begrenzt.
  - Bei zu vielen Argumenten besteht die Gefahr, dass Ihr Partner sich die schwächsten aussucht und sie zerpflückt. Behalten Sie zusätzliche Argumente für die Diskussion.
- Setzen Sie das stärkste/wichtigste Argument an den Schluss (Effekt des letzten Eindrucks).
- Machen Sie sich das Ziel des Gesprächs bewusst, bevor Sie mit dem Reden anfangen.
- Belegen Sie jedes Argument mit mindestens einem Beispiel aus der Welt der Zuhörer.
- Lernen Sie SAMBA.
- Mit der MÄRZ-Formel finden Sie den richtigen Emotionsköder.

Auf der Homepage zum Buch http://kommunikation.peter-brandl.com finden Sie auch hierzu wieder Arbeitsblätter zum Ausdrucken und ein Formblatt, mit dem Sie Ihre persönlichen SAMBAs entwickeln können.

Säule IV

Verhandeln – Ausgleich oder mit dem Kopf durch die Wand?

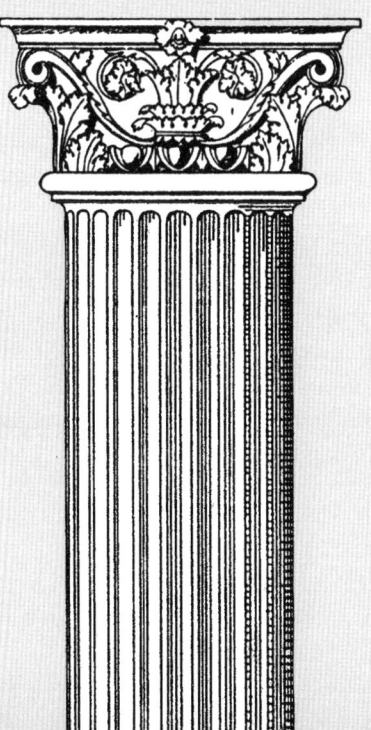

In der Fliegerei gibt es einen wunderbaren Spruch, der lautet: Je
mehr du dich am Boden plagst, umso weniger musst du in der
Luft schwitzen. Dieser Spruch sagt eigentlich schon alles aus
und ist vor allem perfekt auf Verhandlungen übertragbar. Ich
bin immer wieder fasziniert, wenn mir Seminarteilnehmer sagen, dass sie keine Zeit hätten, ihre Verhandlungen sauber vorzubereiten. Glauben wir allen Ernstes, wir könnten diese Zeit
einsparen? Wenn Sie sich nicht vorbereiten, dann bereiten Sie
eben nach! Nur ist Nachbereitung meistens aufwendiger, dauert länger und kostet deutlich mehr.

Für mich ist die Aussage, zu wenig Zeit für eine vernünftige Vorbereitung zu haben, purer Unsinn. In Wahrheit sagt diese These nur etwas darüber aus, dass der Sprecher keine vernünftigen
Prioritäten setzen kann. Er kann nämlich nicht zwischen wichtig und dringend unterscheiden.

Natürlich müssen Sie nicht in epische Vorbereitungsschlach-
ten verfallen, über denen Sie Ihr eigentliches Ziel vergessen. Ich
möchte Ihnen stattdessen ein einfaches, aber extrem effektives
Werkzeug vorstellen, mit dem ich schon seit Jahren jede Verhandlung, aber auch jedes wichtige Gespräch vorbereite: das
MAMA-Prinzip.

Das MAMA-Prinzip der Verhandlungsvorbereitung

Maximalziel Überlegen Sie sich zunächst Ihr *Maximalziel*. Das Maximalziel ist
das, was Sie in der anstehenden Verhandlung idealerweise erreichen wollen. Sie brauchen beim Festlegen Ihres Maximalziels
nicht in übertriebene Bescheidenheit zu verfallen, Ihr Maximalziel kann durchaus beherzt sein. Bleiben Sie mit Ihrer Zielfor-
mulierung aber im Rahmen der Realität. Überzogene Fantaste-
reien helfen niemandem.

Formulieren Sie nun Ihr *Minimalziel*. Was wollen oder müssen Sie mindestens erreichen? Oft ist es so, dass Menschen Verhandlungen mit einem Ergebnis verlassen, das schlechter ist, als die Situation sich darstellen würde, wenn sie nicht an der Verhandlung teilgenommen hätten. Damit genau das nicht passiert, ist es von zentraler Bedeutung, dass Sie so etwas wie eine untere Auffanglinie, Ihr Minimalziel, definieren.

M aximalziel
A lternativen
M inimalziel
A usstieg

Das klingt selbstverständlich. Aber unterschätzen Sie diese Punkte nicht. Die meisten Verhandler gehen, wenn überhaupt, nur mit einem Idealziel in das Gespräch. Aber was, wenn dieses Ziel, diese Position aus irgendwelchen Gründen nicht durchsetzbar ist? Plötzlich stehen wir im luftleeren Raum und versuchen nur noch irgendwie über die Runden zu kommen. Definieren Sie deshalb Ihre Minimalposition.

Allein diese beiden Punkte, Maximal- und Minimalziel, geben Ihnen schon so etwas wie einen Korridor. Und Sie werden überrascht sein, dass allein diese einfache Übung schon dazu führt, dass Sie mit hoher Wahrscheinlichkeit ein Ergebnis innerhalb dieses Korridors erzielen werden. Im nächsten Schritt denken Sie nun über Alternativen nach – *Alternativen* für sich und für den anderen.

Wie schon gesagt, bereiten sich die meisten unerfahrenen Verhandler höchstens auf ihre Position und auf ihr Idealziel vor. In diesem Schritt geht es darum, einen möglichst großen Verhandlungsspielraum und damit Verhandlungsmasse aufzubauen. Wenn Sie zum Beispiel ein Gehaltsgespräch vorbereiten – muss es dann wirklich nur um Geld gehen? Was, wenn Ihr Chef wirklich kein Budget für Gehaltsmaßnahmen hat? Er kann Ihnen dann nicht entgegenkommen und Sie stehen auf dem Schlauch.

Was halten Sie von Alternativen wie Firmenwagen, zusätzlicher Urlaub, betriebliche Altersversorgung, eine bestimmte Weiterbildung, Homeoffice und so weiter und so weiter? Vielleicht denken Sie jetzt: Wenn er kein Geld hat, hat er dafür auch kein Geld. Woher wissen Sie das? Ich habe oft genug erlebt, dass es verschiedene Budgets gibt. Und letztendlich verbessern all diese Optionen Ihre Situation. Es führen viele Wege nach Rom. Seien Sie kreativ und finden Sie möglichst viele Alternativen und Optionen für sich und für den anderen.

Ausstiegs-kriterien Im letzten Schritt überlegen Sie nun noch einmal, was Sie in der anstehenden Verhandlung mindestens erreichen müssen und was Ihre No-Gos sind. Manchmal kommt man (zumindest) in diesem Gespräch einfach nicht zusammen, ohne sich zu verbiegen oder gar zu prostituieren. *Ausstiegskriterien* sind deshalb Kriterien oder Umstände, bei deren Eintreten Sie die Verhandlung schlicht und einfach verlassen, also abbrechen. Ihr Gegenüber muss spüren, dass Sie nicht alles mit sich machen lassen, dass Sie zu klaren Konsequenzen bereit sind.

Nicht bluffen! Bitte bluffen Sie aber niemals mit Ausstiegskriterien. Das Kommunizieren von klaren Kriterien hat im Regelfall eine eindrucksvolle und nachhaltige Wirkung. Haben Sie einmal mit Ihrem Ausstieg gedroht und machen dann Ihre Drohung nicht wahr, dann sind Sie dauerhaft unglaubwürdig. Ihre Drohungen, aber auch Ihre Versprechungen, haben dann kein Gewicht mehr.

Der Charme dieses MAMA-Konzepts liegt darin, dass Sie auf eine sehr einfache, strukturierte und schnelle Art und Weise einen Korridor von Optionen und Möglichkeiten für die anstehende Verhandlung definieren können. Natürlich sollten Sie das MAMA-Konzept nicht nur für sich selbst und Ihre Ziele anwenden. Vielmehr können Sie mithilfe dieses Konzepts auch die Strategie Ihres Verhandlungspartners analysieren beziehungsweise sich darüber bewusst werden, wie viel oder wie wenig Sie eigentlich von Ihrem Verhandlungspartner wissen.

Welche Ziele oder Positionen kennen Sie von Ihrem Verhand- **Was wissen Sie**
lungspartner? Sind das, was Ihnen jetzt einfällt, die ersten For- **vom Partner?**
derungen, die Ihr Partner in der Verhandlung gestellt hat, so
dürfte das sein Maximalziel sein. Ist Ihnen das Minimalziel
Ihres Verhandlungspartners bekannt? Wissen Sie, welche weiteren Optionen oder Alternativen er hat, vielleicht sogar solche,
für die er Sie gar nicht braucht?

In den meisten Fällen werden Sie über diese Informationen zumindest am Anfang einer Verhandlung nicht verfügen. Wenn
dem so ist, dann wäre es eine sinnvolle Strategie, die nächsten
Gespräche so vorzubereiten, dass Sie die fehlenden Informationen beschaffen können. Folgende Fragen können bei der Gesprächsvorbereitung helfen.

Checkliste: Vorbereitung kritischer Gespräche

- Was will ich idealerweise erreichen (Maximalziel)?
- Was muss ich mindestens erreichen (Minimalziel)?
- Wo kann ich meinem Gesprächspartner entgegenkommen
  (Kompromisspotenzial)?
- Welche Alternativen habe ich?
- Welche Alternativen hat der andere?
- Was wären weitere Alternativen (unwichtig, wie wahr-
  scheinlich diese sind)?
- Was steht für mich auf dem Spiel?
- Was steht für meinen Gesprächspartner auf dem Spiel?
- Welche unfairen Gesprächstaktiken bevorzugt mein
  Gesprächspartner?
- Wiederholung: Was ist mein Minimalziel?

Checklisten und Formblätter zum MAMA-Konzept finden
Sie wie immer zum Ausdrucken unter http://kommunikation.
peterbrandl.com.

Phasen einer Verhandlung

Natürlich ist jede Verhandlung anders. Geprägt von den teilnehmenden Personen, den äußeren Umständen und auch der Bedeutung des Verhandlungsgegenstands wird jede Verhandlungssituation ihre individuelle Dynamik entwickeln. Ein klares Konzept, einen roten Verhandlungsfaden im Kopf zu haben ist daher umso wichtiger, um Verhandlungen erfolgreich zu führen.

Vier Verhand- Als sinnvolles Konzept hat sich die Einteilung in vier plus zwei
lungsphasen Phasen erwiesen: vier Phasen der eigentlichen Verhandlung sowie die Vor- und die Nachbereitungsphase.

Verhandlungsphasen

Vorbereitung

Phase 1:   Eröffnung
Phase 2:   Analyse
Phase 3:   Diskussion / Aushandeln
Phase 4:   Abschluss

Nachbereitung

Je nach Komplexität des Verhandlungsgegenstands können sich die einzelnen Phasen möglicherweise über mehrere Gespräche erstrecken. Alle Verhandlungsphasen sollten aber im Interesse einer erfolgreichen Verhandlung klar voneinander getrennt sein. Jedem Teilnehmer sollte zu jeder Zeit klar sein, in welcher Phase sich die Verhandlung gerade befindet. Sind Sie Verhandlungsleiter, so ist es Ihre Aufgabe, die Einhaltung dieser Struktur sicherzustellen. Eine große Hilfe ist es dabei, die einzelnen Verhandlungsschritte, insbesondere erreichte Zwischen- und Teilziele, konsequent zu visualisieren.

Vorbereitungsphase

Natürlich wissen Sie, dass der Erfolg einer Verhandlung maßgeblich von der Gesprächsvorbereitung abhängt. Im letzten Kapitel habe ich schon einiges dazu geschrieben. Vor allem Standardtermine oder Standardgeschäfte werden hier Opfer der Dringlichkeitsprioritäten. Winston Churchill hat den Satz geprägt: *„Gute Verhandlungen werden vorbereitet, indem man sich zu 25 Prozent um die eigene Position kümmert und zu 75 Prozent um die des anderen.“*

Gesprächsphase 1: Eröffnung

Schon in dieser frühen Phase werden entscheidende Weichen für die folgenden Abschnitte gestellt, denn diese Phase ist wesentlich für den Aufbau einer tragfähigen Beziehung, auf deren Grundlage dann auch hart um Sachthemen gerungen werden kann.

Das können Sie tun:

- Begrüßung
- Small Talk
- Vorstellen der Teilnehmer
- Festlegen des Zeitrahmens
- Ziel und Stellenwert der Verhandlung klären
- Verhandlungsgegenstand noch einmal genau definieren
- Verhaltensvereinbarungen/Spielregeln festlegen
- Weitere Vorgehensweise gemeinsam festlegen

Möglichkeiten der Gesprächseröffnung

Gesprächsphase 2: Analyse

In den meisten Verhandlungen beginnt sehr schnell das Diskutieren um einzelne Positionen. Häufig genug wird aneinander vorbeigeredet. Es entstehen Missverständnisse, Frustration, Konflikte und Nebenkriegsschauplätze. Sinnvoller ist es, sich nicht in dieses Feilschritual hineinziehen zu lassen. Stattdessen sollten der Gegenstand, die verschiedenen Sichtweisen und ihre Begründungen eingehend und vorurteilsfrei analysiert und hinterfragt werden. Hinterfragt im Sinne von Erfahren und nicht im Sinne von Widerlegen.

Allzu oft sind wir hundertprozentig davon überzeugt zu wissen, was der andere meint und will, sodass wir Kompromisspotenzial und Informationen zwischen den Zeilen gar nicht mehr mitbekommen. Denken Sie daran: Auch die andere Seite ist von der Richtigkeit ihrer Argumente und Positionen überzeugt und hat dafür manchmal auch nachvollziehbare Gründe.

Aber das ist nur eine wichtige Aufgabe dieser Phase. Die andere, nicht weniger wichtige Funktion der zweiten Phase liegt darin, möglichst viel Verhandlungsmasse aufzubauen. Und Verhandlungsmasse bauen Sie auf, indem Sie möglichst viele Alternativen und Optionen ins Spiel bringen. Wie schon gesagt: Seien Sie kreativ. Entwickeln Sie Alternativen für sich und für Ihre(n) Gesprächspartner.

Trennen von Sammeln und Bewerten
Damit das Konzept der Alternativen funktioniert, ist es von zentraler Bedeutung, dass Sie sich in dieser Phase jeder Bewertung der Vorschläge des anderen enthalten. Auch wenn Sie mit haarsträubenden Optionen konfrontiert werden, verkneifen Sie sich, diese einfach abzuschmettern.

Natürlich stimmen Sie auch nicht zu. Aber die negative Beurteilung eines Vorschlags ist der Tod jeder Kreativität. Und wenn wirklich ein No-Go kommt, fragen Sie einfach nach weiteren Vorschlägen.

Langfristige Untersuchungen haben gezeigt, dass Verhandlungsrunden, die viel Zeit für diese Analysephase aufwenden, sich deutlich schneller einigen und die Ergebnisse für beide Seiten befriedigender sind.

Gesprächsphase 3: Diskussion/Aushandeln

Dies ist die eigentliche „heiße" Phase der Verhandlung. Es geht darum, den Gesprächsverlauf, das eigene Verhalten und auch das Verhalten des anderen zu beobachten, Chancen zu erkennen und umzusetzen sowie möglichen Sackgassen und Konflikten auszuweichen. In dieser Phase sind alle rhetorischen und taktischen Fähigkeiten, aber auch Ihr psychologisches Gespür gefragt.

Das können Sie tun:

Optionen der Diskussionsphase

- Mehrere Lösungsansätze sammeln und dokumentieren/visualisieren
- Nicht über Positionen, sondern über Interessen verhandeln
- Gemeinsame Minimal- und Maximalanforderungen visualisieren
- Beziehungsebene bewusst stützen
- Angebote und Alternativen unterbreiten und argumentieren
- Prüfen und Bewerten der Alternativen
- Festlegen eines für beide Seiten akzeptablen Lösungsansatzes

Gesprächsphase 4: Abschluss

Auch die Abschlussphase wird in vielen Verhandlungen eher vernachlässigt. Nachdem man sich in schwierigen Diskussionen endlich geeinigt hat, setzt man häufig nicht mehr die Energie ein, die nötig ist, um Beschlüsse auch zu festigen.

Ziel der Abschlussphase ist es, nicht in allgemeinen Absichtsbekundungen stecken zu bleiben. Stattdessen werden konkrete und möglichst detaillierte Schritte beider Seiten festgelegt. Sollten noch Zweifel oder Missverständnisse auftauchen, so dürfen diese auf keinen Fall abgetan werden. Gegebenenfalls muss eine nochmalige Schleife durch die vorherigen Phasen gezogen werden.

Eine gelungene Abschlussphase erhöht die Verbindlichkeit und stellt sicher, dass Übereinkünfte auch umgesetzt werden. Sollten Sie in der Abschlussphase ungenau gewesen sein, merken Sie das spätestens an den Protesten, nachdem das schriftliche Protokoll versendet wurde.

<table>
<tr><td>Möglichkeiten der Gesprächsbeendigung</td><td>Das können Sie tun:

■ Festlegen genauer Maßnahmen
■ Festlegen konkreter Verantwortlichkeiten
■ Gefundene Ergebnisse dokumentieren
■ Protokoll- oder Vertragsunterzeichnung
■ Festlegen des weiteren Vorgehens</td></tr>
</table>

Nachbereitungsphase

Die letzte Phase einer gelungenen Verhandlung ist die Nachbereitung. Was genau haben Sie erreicht? Welche Konsequenzen hat das Ergebnis? Was ist bis wann zu tun und wer kontrolliert, ob sich alle Beteiligten an die Abmachungen halten? Nicht zuletzt sollten wir uns in dieser Phase selbst reflektieren. Wie erfolgreich war unsere Strategie? Was hat funktioniert und was nicht? Und vor allem: Was können wir beim nächsten Mal besser machen?

Checkliste: Nachbearbeitung von Gesprächen

■ Wie erfolgreich verlief das Gespräch?
■ In welcher Grundhaltung dem Gesprächspartner gegenüber verlief das Gespräch?
■ Was waren meine wichtigsten Argumente?
■ Was hat den anderen überzeugt?
■ Was waren die wichtigsten Argumente des anderen?
■ Was hat mich überzeugt?
■ Welche positiven Aussagen auf der Beziehungsebene habe ich gemacht?

- Welche negativen Aussagen auf der Beziehungsebene habe ich gemacht?
- Welche negativen Aussagen auf der Beziehungsebene hat der Gesprächspartner gemacht?
- Wie habe ich den Gesprächspartner beeinflusst?
- Wie hat der Gesprächspartner mich beeinflusst?
- Ist das Ergebnis eine Win-win-Situation?

Vergleichen Sie das Ergebnis dieser Analyse mit Ihren ursprünglichen Gesprächszielen. Inwieweit haben Sie es Ihrem Gesprächspartner ermöglicht, Sie von Ihren Zielen abzubringen?

Um Kopf und Kragen reden

Haben Sie sich schon mal um Kopf und Kragen geredet? Haben Sie sich in einem Gespräch schon völlig verzettelt oder noch schlimmer: sich auf Nebenkriegsschauplätzen verrannt? Mit Sicherheit, oder? Ich glaube, jeder kennt das, sich mehr oder weniger selbst in eine verfahrene Situation zu bringen. Die Lösung dieses Problems wäre eigentlich ganz einfach: Hören Sie auf damit!

Das Ganze hat nur einen Haken: Uns fällt das Problem meistens erst dann auf, wenn es schon zu spät ist. Wenn die Situation bereits verfahren, das Klima angespannt oder die eigene Position unnötig geschwächt ist. Dann plötzlich fällt uns auf, dass ein anderes Verhalten sinnvoller gewesen wäre.

Was würden Sie von einer Technik halten, mit der Sie schon während des Gesprächs mitbekommen, dass Sie sich um Kopf und Kragen reden? Einer Technik, die Ihnen Warnsignale gibt, wenn Sie noch etwas ändern oder gegensteuern können, und nicht erst, wenn es zu spät ist? So eine Checkliste gibt es tatsächlich. Und das Schöne: Sie ist sehr einfach. Sie besteht nämlich nur aus zwei Check- und zwei Handlungspunkten.

Warnsignale registrieren

Checkpunkt 1: Rede ich mehr als 50 Prozent?

Ein Hauptmerkmal der Situationen, in denen wir uns um Kopf und Kragen reden, ist: Wir reden zu viel! Nebenkriegsschauplätze haben ebenfalls diese Eigenschaft: Wir reden – und zwar zu viel. Unser Gesprächsanteil wird immer höher und höher. Wir reden, bekommen aber fast nichts mehr mit. Auch nicht, dass wir unsere Lage zunehmend verschlechtern.

Achten Sie konsequent auf Ihren Redeanteil. Liegt der über 50 Prozent, sind Sie mit hoher Wahrscheinlichkeit dabei, sich um Kopf und Kragen zu reden. Übrigens: Es ist durchaus möglich, dass alle Beteiligten einen Redeanteil von über 50 Prozent haben.

Checkpunkt 2: Beginnen Sätze mit „aber" oder mit „Ja, aber ..."?

Nebenkriegsschauplätze sind meistens Wortgefechte, in denen jeder neue Satz damit anfängt, dass man erst mal dem widerspricht, was der andere gerade gesagt hat – mehr oder weniger bewusst. Sensibilisieren Sie sich für „Aber"-Satzanfäge – bei sich und bei Ihrem Gegenüber, denn diese sind ein sehr starker Indikator dafür, dass etwas falschläuft. Vielleicht noch nicht dramatisch, aber höchstwahrscheinlich reden Sie zumindest aneinander vorbei.

Handlungspunkt 1: Obacht!

Treffen einer oder gar beide Punkte zu: Obacht! Jetzt sollten bei Ihnen die Glocken läuten. Sie sind in einem Konflikt, Sie reden sich um Kopf und Kragen oder Sie haben sich bereits auf einem Nebenkriegsschauplatz verrannt. Jetzt wissen Sie: Sie haben ein Problem und sollten sofort aktiv werden. Denn sonst machen Sie es schlimmer. Aber was tun?

Handlungspunkt 2: Offene Frage

Das einfachste und gleichzeitig wirkungsvollste Mittel, um aus solchen Situationen wieder herauszukommen, ist die offene Frage. Stellen Sie eine Frage, die der andere nicht mit „Ja" oder „Nein" beantworten kann, zum Beispiel: „Was genau meinen Sie damit?" Oder: „Worüber genau streiten wir uns eigentlich?" Welche offene Frage Sie stellen, ist zweitrangig. Wichtig ist nur, dass es eine offene Frage ist und dass Sie still sind, nachdem Sie die Frage gestellt haben.

Lassen Sie uns noch etwas mehr über Fragetechnik reden.

Fragetechnik

Jeder Verkaufs- oder Verhandlungsvorgang basiert in erster Linie auf Überzeugung. Leider wird Überzeugen häufig mit Überreden verwechselt. Verkäufer versuchen mit mehr und mehr Argumenten auf Ihren Kunden einzuwirken. Verhandler versuchen mittels tausend Tricks ihr Gegenüber auszumanövrieren. Gleichzeitig darf der Kunde oder Verhandlungspartner selbstverständlich nicht zu Wort kommen, er könnte ja etwas Kritisches sagen.

Überzeugen sollte aber in erster Linie ein Vorgang sein, der den anderen bei einem inneren Sortierprozess unterstützt. Das heißt: Ich kann Ihnen eigentlich gar nichts verkaufen – ich kann Sie nur dabei unterstützen, sich selbst etwas zu verkaufen. Diese Prämisse stellt natürlich bestimmte Anforderungen an das Verhalten des Verkäufers oder den Stil des Verhandlungsführers. Weniger reden, dafür mehr leiten und steuern ist verlangt. Eines der ältesten, jedoch gleichzeitig effektivsten Mittel, ein Gespräch zu steuern, sind Fragen.

Fragen lenken ein Gespräch

Fragetypen

Wir können Fragearten in mehrere Kategorien unterteilen. Grundsätzlich bietet sich die Unterscheidung in offene und geschlossene Fragen an.

Geschlossene Fragen Eine geschlossene Frage ist eine Frage, die mit „Ja" oder „Nein" beantwortet werden kann (aber nicht muss). Informationen, die man auf eine geschlossene Frage erhält, sind tendenziell exakter, engen den Gesprächsverlauf aber auch ein, zum Beispiel: „Haben Sie heute gefrühstückt?"; „Gefällt Ihnen dieses Produkt?" Geschlossene Fragen eignen sich, um (Teil-)Ergebnisse zu fixieren oder um einfache, digitale Informationen zu erheben.

Faszinierenderweise hält sich bei vielen Menschen der Glaube, dass ein Gespräch mittels geschlossener Fragen besser gesteuert werden kann. Wenn Sie einmal versucht haben, etwas von einem Menschen zu erfahren, der nur mit „Ja" oder „Nein" antwortet, wissen Sie, was ich meine.

Offene Fragen Eine offene Frage ist eine Frage, die nicht mit „Ja" oder „Nein" beantwortet werden kann. Auf eine offene Frage erhält man tendenziell mehr Informationen. Gleichzeitig wird der Gesprächspartner stärker zum Nachdenken und zum Reden animiert, zum Beispiel: „Was haben Sie heute gefrühstückt?"; „Wie sieht für Sie ein ideales Frühstück aus?"; „Was gefällt Ihnen an diesem Produkt?"

Schon aus der Beschreibung dieser grundsätzlichen Fragearten erkennen Sie, dass ein idealtypisches Gespräch wie folgt aufgebaut werden sollte:

- Offene beziehungsweise öffnende Fragen am Anfang
- Geschlossene beziehungsweise schließende Fragen am Schluss

Der Fragetrichter

Offene Fragen
- grobe Detaillierung
- viele Informationen

Geschlossene Fragen
- wenige Informationen
- exakte Informationen

Gesprächsverlauf

Der Fragetrichter

So weit die grundsätzliche Theorie, die den meisten von Ihnen bekannt sein dürfte. In der Praxis erlebe ich jedoch häufig, dass Verhandler in schwierigen Situationen nahezu keine Fragen stellen. Doch woran liegt das?

Unter Stress stellt sich bei den meisten Menschen folgendes Verhalten ein: Zuerst hören sie auf, offene Fragen zu stellen. Im weiteren Verlauf werden sie nahezu überhaupt keine Fragen mehr stellen. Offene Fragen sind zwar eines der wirkungsvollsten Mittel der Gesprächsführung, verlangen aber gleichzeitig ein gehöriges Maß an Kreativität und Großhirnleistung. Beides Dinge, die Ihnen, wie Sie ja wissen, unter Stress nur in sehr begrenztem Maße zur Verfügung stehen.

Es ist also relativ leicht, über offene Fragen nachzudenken, wenn man entspannt im Wohnzimmer sitzt. Anders sieht es in schwierigen Gesprächen aus. Hier werden, wenn überhaupt, nur noch geschlossene Fragen gestellt. Und die werden vom Gesprächspartner natürlich häufig auch nur mit kurzen oder sehr kurzen Antworten bedacht. Spätestens jetzt steigt das Stressniveau noch weiter an, was dazu führt, dass wir nun überhaupt keine Fragen mehr stellen.

Gute Fragen brauchen Vorbereitung Gute Fragen sind eine Sache der Vorbereitung. Bereiten Sie Ihr Gespräch so vor, dass Ihnen für jede Phase des Gesprächs eine Reihe offener Fragen zur Verfügung steht.

Im Folgenden finden Sie eine Checkliste, mit der Sie Fragen für jede relevante Phase des Gesprächs entwickeln können. Wer sagt denn eigentlich, dass in der Eröffnungsphase immer gefragt werden muss: „Haben Sie gut hierher gefunden?" Ich weiß nicht, wie es Ihnen geht. Ich habe seit vielen Jahren ein Navi und finde diese Frage inzwischen nur noch nervtötend. Das geht echt besser. Bereiten Sie sich auf Fragen vor und steigern Sie damit Ihren Handlungsspielraum und damit Ihre Erfolgschancen im anstehenden Gespräch.

Checkliste: Fragetechnik

Gesprächsphase 1: Eröffnung
Welche offenen Fragen kann/will ich meinem Partner in dieser Phase stellen?

Gesprächsphase 2: Analyse
Welche offenen Fragen kann/will ich meinem Partner in dieser Phase stellen?

Gesprächsphase 3: Angebot/Lösung
Welche offenen Fragen kann/will ich meinem Partner in dieser Phase stellen?

Gesprächsphase 4: Abschluss
Welche offenen Fragen kann/will ich meinem Partner in dieser Phase stellen?

Um Sie bei Ihrer Vorbereitung zu unterstützen, habe ich eine Reihe von Fragetypen aufgelistet, die sowohl im Verkauf als auch in anspruchsvollen Gesprächen sinnvoll sind:

Informationsfrage
Die Informationsfrage hat schlicht die Aufgabe, Informationen zu beschaffen, zum Beispiel: „Bis wann brauchen Sie die Lieferung?"; „Wie haben Sie das Risiko abgesichert?"

Alternativfrage
Die Alternativfrage strukturiert das Gespräch im Vergleich zur Informationsfrage schon wesentlich stärker, zum Beispiel: „Wann passt es Ihnen besser, am Donnerstag oder am Freitag?"; „Möchten Sie die Maschine lieber leasen oder kaufen?" Vorsicht, Manipulation! Die Alternativfrage ist eine relativ manipulative Form der Gesprächssteuerung. Dem Gefragten werden Wahlmöglichkeiten suggeriert, sodass er sich vermeintlich frei entscheiden kann – natürlich nur zwischen zwei von Ihnen vorgegebenen Werten. So wird in den Beispielen impliziert, dass der Kunde überhaupt zu einem Termin bereit ist oder dass er die Maschine an sich abnimmt.

Implizierte These
Diese Art der Fragen impliziert, also beinhaltet eine Aussage des Verkäufers. Beispiel: „Inwieweit ist eine hohe Lebensdauer für Sie kaufentscheidend?" Im Gegensatz zur Suggestivfrage („Hohe Lebensdauer ist für Sie doch bestimmt kaufentscheidend, oder?") ist die Frage mit der implizierten These offen gestellt. Der Gefragte fühlt sich durch diese Art der Formulierung weniger manipuliert und reagiert daher auch weniger mit Widerstand. Implizierte Thesen enthalten oft das Wort „inwieweit".

Wertefrage
Jeder Mensch ist in seinem Verhalten durch Werte geprägt. Die persönlichen Werte sind für ihn handlungsbestimmend. Auf eine einfache Art wird dies schon durch die Frage „Worauf legen Sie Wert bei ...?" deutlich. Interessanter wird das Ganze bei den

unbewussten oder halbbewussten Werten. Was beeinflusst Sie zum Beispiel, wenn Sie sich einen Anzug oder ein Kleid kaufen? Wirklich nur rationale und pragmatische Erwägungen? Diese Werte sind natürlich auch zentral für jeden Überzeugungsprozess. Und mit der Wertefrage fragen Sie eben diese Werte ab. Beispiele:

- „Worauf legen Sie bei einem Lieferanten besonderen Wert?"
- „Was bedeutet für Sie Qualität?"
- „Was müsste passieren, damit Sie mit einem Lieferanten nie wieder zusammenarbeiten?"

Kriterienfrage

Die Kriterienfrage ist eine speziellere Form der Wertefrage. Sie fragt die Kriterien ab, nach denen der Verhandlungspartner seine Entscheidung fällt. Gleichzeitig wird aber auch der Prozess der Kaufentscheidung hinterfragt. Beispiel: „Wenn Sie vor einem großen, reichhaltigen Buffet stehen, wie genau entscheiden Sie, was Sie essen?" Manche Menschen entscheiden zum Beispiel visuell und andere entscheiden danach, wie sie sich fühlen werden, nachdem sie gegessen haben. Weitere Beispiele:

- „Was ist Ihnen bei einem Servicevertrag besonders wichtig?"
- „Wenn Sie mit einem Lieferanten schon länger zusammenarbeiten, anhand welcher Kriterien stellen Sie fest, dass Sie zufrieden sind?"
- „Was muss ein Marketinginstrument leisten, damit Sie es als effizient betrachten?"

Abschluss-
fragen

Fixierende Frage

Die fixierende Frage ist grundsätzlich eine Abschluss- oder eine Teilabschlussfrage. Beispiel: „Sollen wir dann jetzt den Vertrag machen?" Mit dieser Frage machen Sie den Sack zu. Gleichzeitig haben Sie natürlich die Möglichkeit, Teilergebnisse und Meilensteine in Ihrem Überzeugungsprozess zu fixieren. Diese Teilfixierungen sind wichtig, um sich nicht im Kreis zu drehen, sondern voranzukommen. Beispiele:

- „Sie haben sich grundsätzlich entschieden, Geld in Immobilien anzulegen, oder?"
- „Sie haben ein Marketingbudget für dieses Jahr eingeplant?"
- „Ist es schon definitiv beschlossen, dass diese Anlage ersetzt werden soll?"

Weiterführende/Strukturierende Frage

Diese Form der Frage ist dazu da, den Verhandlungsprozess an sich beziehungsweise das Verkaufsgespräch zu steuern und zu strukturieren, zum Beispiel:

- „Was sollten wir als Nächstes tun?"
- „Wie möchten Sie gerne vorgehen?"
- „Was ist Ihr Ziel für unser heutiges Treffen?"

Sämtliche dieser Frageformen nehmen Einfluss auf den Verlauf des Gesprächs. Wenn Sie den Gedanken ernst nehmen, dass sich Ihr Gegenüber selbst überzeugen muss, um sich entscheiden zu können, dann dürfen Sie maximal 50 Prozent der Zeit reden.

Überzeugen ist Unterstützung bei einem inneren Sortierprozess.

Unterstützen Sie Ihren Verhandlungspartner bei seinem inneren Sortierprozess durch gezielte Fragen. Vermeiden Sie dabei jedoch zu offensichtliche Manipulationsversuche. Die Kraft der eigenen Überzeugung reicht vollkommen aus, um zum Ziel zu kommen.

Übung: Fragen stellen

Wählen Sie ein schwieriges Gespräch, das demnächst bei Ihnen ansteht.

Formulieren Sie zu jeder Fragekategorie des letzten Abschnitts je zwei Beispiele, die Sie in diesem Gespräch stellen könnten.

Ist Ihnen das schwergefallen? Wenn nicht – gut. Wenn ja: So blöd, wie es klingt, aber alles war mal schwer, bevor es leicht wurde. Bleiben Sie dran! Üben Sie und trainieren Sie sich darin, in Fragen zu denken. Sie werden überrascht sein, wie schnell Sie Fortschritte machen.

Grenzen der Unterscheidung in offene und geschlossene Fragen

Wie schon mehrfach erwähnt, basiert die Unterscheidung zwischen offenen und geschlossenen Fragen auf folgender Definition:

■ Geschlossene Fragen können mit „Ja" oder „Nein" beantwortet werden.
Beispiel: „Mögen Sie Kino?"

■ Offene Fragen können nicht mit „Ja" oder „Nein" beantwortet werden.
Beispiel: „Was gehört für Sie zu einem schönen Abend?"

Dieses einfache Beispiel zeigt schon, dass offene Fragen tendenziell geeignet sind, mehr Informationen hervorzubringen. Ebenso sind sie (tendenziell) geeignet, den Gesprächspartner dabei zu unterstützen, eigene Vorstellungen zu entwickeln. Geschlossene Fragen hingegen sind sinnvoll, um Themen einzugrenzen und Ergebnisse oder Teilergebnisse zu fixieren.

Das klassische Modell der Fragearten betont immer wieder, dass für die explorierende Gesprächsführung offene Fragen das

Mittel der Wahl seien. In der Praxis hingegen haben Sie vermutlich schon öfter die Erfahrung gemacht, dass Sie sich durch offene Fragen in eine Sackgasse manövriert oder aber dass Sie mit einer geschlossenen Frage eine regelrechte Rede-, Rechtfertigungs- oder Erklärungsflut bei Ihrem Gegenüber ausgelöst haben.

Für die fortgeschrittene Gesprächsführung möchte ich Ihnen daher eine andere Kategorisierung vorstellen, die über die simple Zweiteilung zwischen offenen und geschlossenen Fragen deutlich hinausgeht.

Eine kleine Warnung vorweg: Der nächste Abschnitt geht ziemlich tief und setzt eine gewisse Übung voraus. Wenn Ihnen das für den Moment zu heftig ist, legen Sie das Buch bitte nicht weg, sondern springen Sie einfach einige Seiten weiter zu den öffnenden und fixierenden Fragen. Irgendwann später haben Sie vielleicht Lust, sich auch in die Tiefen der mehrdimensionalen Fragetechnik zu begeben. Und das ist okay so.

Zweidimensionale Fragetechnik

Jede Frage kann auf einem Gitter eingeordnet werden, das durch zwei Dimensionen bestimmt wird:

1. Wahrnehmung der Situation: Verändert die Frage den Eindruck oder das Bild, das der Befragte von der Situation hat, positiv oder negativ?
2. Wahlmöglichkeiten: Ist die Frage geeignet, den Gegenstand so auszuweiten, dass zum Beispiel zusätzliche Optionen und Wahlmöglichkeiten entstehen, oder schließt die Fragestellung Alternativen und Optionen eher aus und grenzt damit die Entscheidungsmöglichkeiten des Befragten ein?

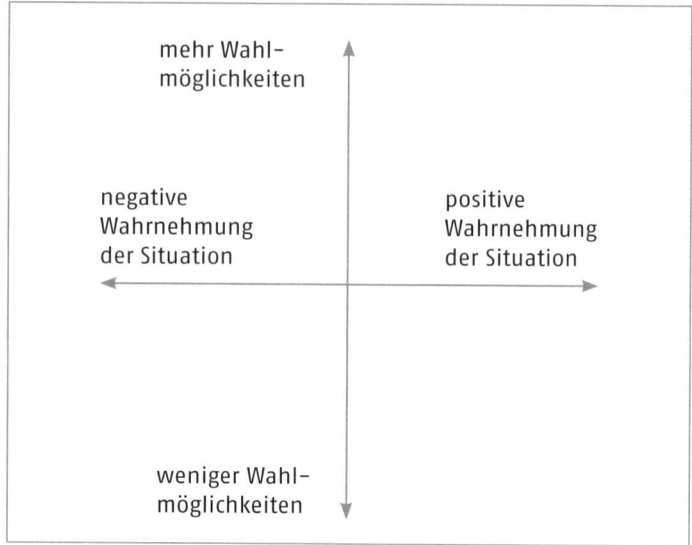

mehr Wahl-
möglichkeiten

negative
Wahrnehmung
der Situation

positive
Wahrnehmung
der Situation

weniger Wahl-
möglichkeiten

Dimension 1: Wahrnehmung der Situation

Das Verhalten, aber auch die Entscheidung eines Menschen wird grundsätzlich davon beeinflusst, wie dieser Mensch seine Situation und die nahe Zukunft bewertet. Menschen glauben zwar häufig, dass sie Situationen, Chancen oder Risiken objektiv abschätzen und beurteilen, was aber, nach allem, was man über Wahrnehmung und Wahrnehmungsverarbeitung im Gehirn weiß, nicht möglich ist.

Wir haben hier auch schon darüber gesprochen, dass Entscheidungen weniger von objektiven Fakten als vielmehr von der subjektiven Bewertung und Interpretation der Fakten abhängen. Nehmen wir ein einfaches Beispiel: die Börse. Ist es nicht faszinierend, wie unterschiedlich verschiedene Analysten das gleiche Szenario bewerten? Was für den einen Kaufkurse sind, ist für den anderen ein drohender Crash. Für eine Verhandlung heißt das, wenn ein Verhalten oder eine Entscheidung beeinflusst werden soll, muss die zugrunde liegende Bewertung verändert werden.

Jede Entscheidung folgt letztlich einer emotionalen Abwägung. Das subjektive Erleben der Ist-Situation wird mit einer vermuteten Soll-Situation verglichen.

Wird die Ist-Situation positiver als die Soll-Situation wahrgenommen, wird sich der Mensch gegen das Soll-Szenario entscheiden. Wird die Ist-Situation negativer als die Soll-Situation wahrgenommen, wird der Mensch das Soll-Szenario übernehmen (vgl. Säule III: Wie werden Entscheidungen getroffen?).

Im Klartext: Wollen wir einen Menschen überzeugen, müssen wir seine Bewertung der Situation oder der nahen Zukunft verändern. In jeder Situation gibt es positive und negative Aspekte. Es ist also möglich, gezielt nach den positiven oder den negativen Punkten zu fragen.

Bei der Strategie der positiven Veränderung geht es darum, dass Ihr Gegenüber Optionen, Chancen oder zusätzlichen Nutzen wahrnimmt oder entdeckt. Vielleicht haben Sie schon mal erlebt, wie Sie diese Technik bei sich selbst angewandt haben. Sie wollten irgendetwas, zum Beispiel einen neuen Mantel. Jetzt stellen Sie sich intensiv vor, wie und wo Sie den Mantel tragen, wie wunderbar er zu anderen Teilen Ihrer Garderobe passt, wie Ihre Bekannten Sie bewundern und beneiden ... Wenn Sie einen Gesprächspartner zum Beispiel davon überzeugen wollen, mit Ihnen zusammenzuarbeiten, könnten Sie folgende Fragen stellen:

Positive Veränderung der Situationswahrnehmung

- „Welche neuen Kunden könnten wir gemeinsam gewinnen?"
- „Welche attraktiven Projekte könnten wir gemeinsam angehen?"
- „Welche Synergieeffekte würden entstehen?"
- „Welche Chancen würde eine Zusammenarbeit eröffnen?"
- „In welchen Projekten könnten Sie sich eine Zusammenarbeit vorstellen?"

Nehmen wir auch für die gegenteilige Strategie ein einfaches
Beispiel: Ein junger, nicht sehr vermögender Vater steht in einem Autohaus. Wenn er sich ein neues Auto kaufen würde,
müsste er sich in der nächsten Zeit finanziell massiv einschrän-
ken. Urlaub, Freizeitaktivitäten, aber auch viele Geschenke für
sein Kind wären nicht mehr drin. Folglich ist seine subjektive
Bewertung seiner „Autokaufrealität" negativ geprägt. Entsprechend seiner Wahrnehmung spricht alles gegen den Kauf eines
neuen Autos. Stellen Sie sich nun folgenden Dialog vor:

Verkäufer: „Wie häufig sind Sie gemeinsam mit Ihrer Familie
          unterwegs?"
Kunde: „So oft wie möglich."
Verkäufer: „Hat Ihr jetziges Auto einen Beifahrerairbag?"
Kunde: „Nein, warum?"
Verkäufer: „Nun, weil bei einem möglichen Unfall wahr-
          scheinlich nicht nur der Fahrer gefährdet ist, oder?"
Kunde: „Hm."
Verkäufer: „Was, glauben Sie, sind die häufigsten und
          schwerwiegendsten Verletzungen bei Mitfahrern
          ohne Airbag?"

Sie können sich wahrscheinlich vorstellen, dass sich die Art,
wie unser junger Mann seine aktuelle Situation bewertet, während dieses kurzen Gesprächs verändert hat. Es könnte durchaus sein, dass er seine aktuelle Situation nun deutlich negativer
bewertet. Ist diese negative Bewertung seiner Ist-Situation stark
genug, wird er ein neues Auto kaufen.

Wenn Sie diese Negativ-Strategie anwenden wollen, achten Sie
bitte darauf, dass Sie selbst nie negativ argumentieren, sondern
dass Ihre Fragen den anderen dazu bringen, negativ zu denken.
Seien Sie sich aber immer bewusst, dass jede Negativ-Strategie
immer auch das Risiko birgt, dass Ihr Gegenüber die negative
Wahrnehmung generalisiert, also auch auf Ihr Ziel überträgt
oder sogar das Negativ-Szenario mit Ihrer Person verbindet.

Übung 1: Situationswahrnehmung beeinflussen

Im Folgenden finden Sie einige Situationsbeispiele. Stellen Sie sich vor, Sie wollen jeweils etwas anderes als Ihr Partner. Finden Sie je drei Fragen, die die Situationswahrnehmung Ihres Partners positiv oder negativ beeinflussen.

- Ihr Partner / Ihre Partnerin möchte einen faulen Abend vor dem Fernseher verbringen.
- Ihr Kollege möchte Ihnen eine ungeliebte Tätigkeit aufs Auge drücken.
- Sie möchten ein Auto kaufen, aber der Verkäufer möchte sich nicht auf einen Rabatt einlassen.
- Ihr Chef verwehrt Ihnen den Urlaubstermin, den Sie möchten.
- Eine Politesse ist gerade dabei, Ihnen einen Strafzettel zu schreiben.
- Ihr Sohn / Ihre Tochter hat in letzter Zeit nur sehr wenig Lust, etwas für die Schule zu tun.

Lösungen und Beispielfragen finden Sie unter http://kommunikation.peterbrandl.com.

Überlassen Sie es nicht dem Zufall, in welche Richtung Ihr Gegenüber denkt. Achten Sie in Zukunft darauf und überlegen Sie genau, in welche Richtung Sie durch Ihre Fragen steuern. Grundsätzlich kann man Folgendes sagen: Bei jeder Entscheidung gibt es mindestens zwei Möglichkeiten: eine, die Ihnen gefällt, und eine, die Ihnen nicht gefällt. Wenn es um die Option geht, die Ihnen nicht gefällt, verwenden Sie Fragen, die die Situationswahrnehmung negativ verändern, zum Beispiel in Richtung Risiken, Nachteile usw. Wenn es um Ihr Ziel, Ihr Produkt, Ihr Angebot geht, verwenden Sie Fragen, die die Situationswahrnehmung positiv beeinflussen, zum Beispiel in Richtung Chancen, Synergien usw.

Einsatz der Dimension 1 (Situationswahrnehmung)

Übung 2: Situationswahrnehmung beeinflussen

- Finden Sie eine konkrete Verhandlungssituation, die Ihnen in der nächsten Zeit bevorsteht.
- Welche Aspekte der subjektiven Wahrnehmung Ihres Verhandlungspartners wollen Sie negativ verändern und warum?
- Welche Fragen können Sie stellen, um dies zu erreichen?
- Welche Aspekte der subjektiven Wahrnehmung Ihres Verhandlungspartners wollen Sie positiv verändern und warum?
- Welche Fragen können Sie stellen, um dies zu erreichen?

Dimension 2: Wahlmöglichkeiten/Alternativen

Jede Situation ist bestimmt durch die Art und die Anzahl von Wahl- oder Entscheidungsmöglichkeiten, die jeweils zur Verfügung stehen. Meistens sind uns diese Alternativen gar nicht bewusst. Auf der anderen Seite kennen Sie sicher Sätze wie: „Ich hatte keine andere Wahl." Oder aber: „Ich kann mich nicht entscheiden."

Die Qualität der Wahl- und Entscheidungsmöglichkeiten, die man in einer Situation wahrnimmt, bestimmt die Bewertung der Situation, des Verhandlungsgegenstands und des Verhandlungspartners. Die Dimension der Wahlmöglichkeiten ist in sich geprägt von zwei Polaritäten: viele oder wenige Wahlmöglichkeiten.

Wenige Wahlmöglichkeiten/ Alternativen

Dafür, dass ein Akteur in einer konkreten Situation wenig Alternativen oder Wahlmöglichkeiten sieht, kann es zwei Gründe geben.

1. Der Akteur glaubt, den besten Weg gefunden zu haben, und sieht in allen Alternativen nur eine Verschlechterung seiner Situation.
2. Der Akteur befindet sich in einer (vermeintlich) ausweglosen Lage. Er sieht keine Alternativen und kann sich auch nicht vorstellen, dass es einen anderen Weg geben könnte.

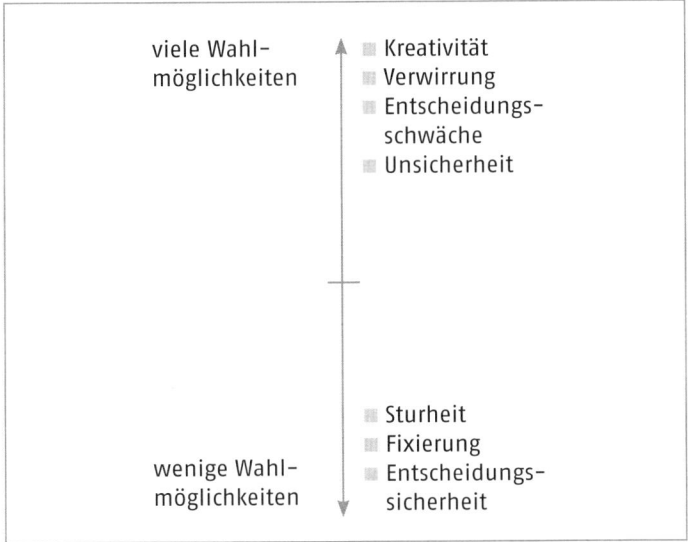

viele Wahl- möglichkeiten	Kreativität Verwirrung Entscheidungs- schwäche Unsicherheit
wenige Wahl- möglichkeiten	Sturheit Fixierung Entscheidungs- sicherheit

Viele oder wenige Wahlmöglichkeiten

Beide Varianten engen naturgegeben den Verhandlungsspielraum, aber auch die Verhandlungsmotivation ein.

Egal, ob sich der Verhandlungspartner in einer für ihn guten oder in einer für ihn schlechten Situation wägt – nimmt er wenig Alternativen wahr, so führt dies häufig zu Fixierung bis hin zu Sturheit. Es gibt immer einen anderen Weg. Die Frage ist nur, ob wir diesen Weg sehen. Die Konzentration auf wenige Optionen schränkt den Blick ein und verbaut häufig die Möglichkeit, die beste Option zu finden. Die Beteiligten sind so mit ihrer Position beschäftigt, dass Kreativität und Konstruktivität auf der Strecke bleiben. Regelmäßig entstehen so Konflikte und die Situation eskaliert.

Nachteile von wenigen Wahlmöglichkeiten

Ein besonderer Aspekt liegt auf den Situationen, in denen der Verhandlungspartner sich in einer für ihn unangenehmen Situation befindet und dennoch keine Alternativen sieht. Der Volksmund umschreibt diese Konstellation mit Aussagen wie „Mit dem Rücken an der Wand stehen" oder „Von allen Seiten umzingelt sein". Nimmt der Betreffende die Situation so wahr, reagiert er unter Umständen mit hochgradig irrationalen Verhaltensweisen, etwa Sich-tot-Stellen, oder mit nicht nachvollziehbaren Angriffen, die sich in ein regelrechtes „Um-sich-Schlagen" steigern können.

Vorteile von wenigen Wahlmöglichkeiten

Wie alles im Leben hat natürlich auch dieses nicht nur Nachteile. Aus verhandlungstechnischer Sicht kann die Situation, dass ein Verhandlungspartner wenige Wahlmöglichkeiten hat oder sieht, in zweierlei Hinsicht genutzt werden:

1. Wenige Wahlmöglichkeiten geben Sicherheit.
2. Wenige Wahlmöglichkeiten suggerieren einen (vermeintlich) zwangsläufigen Weg.

Wenige Wahlmöglichkeiten geben Sicherheit

Wenn Sie im Vertrieb arbeiten oder eine beratende Tätigkeit ausüben, kennen Sie wahrscheinlich folgende Situation: Sie haben Ihren Kunden ausführlich und umfassend beraten. Sie haben ihm das Produkt / die Dienstleistung in allen Einzelheiten und mit allen Vor- und Nachteilen erklärt. Und jetzt will (kann) sich Ihr Kunde nicht zum Kauf entscheiden. Sie hören Aussagen wie: „Lassen Sie mich noch eine Nacht drüber schlafen." Oder: „Ich möchte noch mit xy darüber reden." Fakt ist: Ihr Kunde verfügt jetzt über so viele Fakten und Informationen, die natürlich alle sorgsam abgewogen sein wollen, dass ihm eine Entscheidung völlig unmöglich geworden ist.

Die Situation aus dem Vertrieb ist auf alle anderen Verhandlungssituationen übertragbar. Zu viele Wahlmöglichkeiten schaffen Verwirrung. Ein Reduzieren von Wahlmöglichkeiten, Kriterien und/oder Alternativen gibt Struktur und schafft Überblick. Wenige Wahlmöglichkeiten geben Sicherheit. Wenn eine Option richtig ist, ich aber nicht weiß, welche, habe ich bei zwei Alternativen immerhin eine Chance von 50 Prozent. Bei zehn Möglichkeiten reduziert sich meine Chance so weit, dass Nichtstun deutlich ungefährlicher ist.

Wenige Wahlmöglichkeiten suggerieren einen (vermeintlich) zwangsläufigen Weg: „Wir sollten uns unbedingt treffen. Wann passt es Ihnen besser, morgen um zehn oder am Donnerstag um elf?" Wahrscheinlich kennen Sie so oder so ähnlich formulierte Alternativfragen. Das Faszinierende hierbei ist, dass der Betreffende eine Entscheidungsfreiheit wahrnimmt, die objektiv natürlich nur zwischen den beiden von Ihnen gewählten Optionen besteht. Die Forschung bestätigt, dass Verhandlungspartner mit einer signifikant hohen Wahrscheinlichkeit eine der beiden Optionen annehmen. Alle Optionen außerhalb scheinen durch diesen Trick ausgeklammert zu sein und werden nicht mehr erwogen.

Wir können also zusammenfassen: Die Situation, dass die Gegenseite wenig Alternativen hat oder sieht, gereicht uns dann zum Vorteil, wenn der Betreffende seine Lage als positiv einschätzt. Er glaubt, Wahlmöglichkeiten zu haben, und hat das Gefühl, die Situation weiterhin beeinflussen zu können. Die Nachteile überwiegen, wenn der Betroffene mit klassischen Stammhirnreaktionen, also Angreifen, Abhauen, Tot-Stellen, reagiert. Zentrale Aufgabe des Verhandlers ist es dann, diese Fixation zu lösen und zusätzliche Wahlmöglichkeiten zu generieren.

Der Zustand vieler Wahlmöglichkeiten ist vor allem zu Beginn von Verhandlungen zu finden. Alle Bälle sind noch im Spiel, keine Option ist ausgeschlossen. Diese Situation muss nicht dem Zufall überlassen bleiben, sondern kann gezielt herbeigeführt werden, indem zum Beispiel bewusst nach weiteren Optionen gefragt wird oder aber besonders darauf geachtet wird, keinen Weg, sei er auch noch so abstrus, zu verbauen.

Viele Wahlmöglichkeiten

Wie schon im letzten Abschnitt gesagt, liegt die größte Gefahr in Situationen mit vielen Wahlmöglichkeiten in der durch eben diese Wahlmöglichkeiten hervorgerufenen Unsicherheit und der damit verbundenen Entscheidungsschwierigkeit. Jede Entscheidung hat Konsequenzen. Sie ermöglicht etwas, verunmöglicht aber gleichzeitig etwas anderes. Wenn Sie sich für Rotwein

Nachteile von vielen Wahlmöglichkeiten

zum Essen entschieden haben, können Sie nicht gleichzeitig Weißwein trinken, zumindest nicht mit Genuss. Tatsächlich ist die Analogie mit einer Speisekarte oder Weinkarte in einem Restaurant ein gutes Bild, um diese Situation zu verdeutlichen. Egal, was Sie wählen: Sie schließen mehr aus, als Sie einbeziehen. Sie verunmöglichen mehr, als Sie ermöglichen. Ein guter Berater (Kellner) wird Ihnen deshalb Fragen stellen, die selten mehr als zwei Alternativen bieten, Fisch oder Fleisch. Durch diese Alternativfrage werden alle Subkategorien der beiden Optionen mit einbezogen. Gleichzeitig hat man das Gefühl einer leichten Entscheidung. Die Trefferquote liegt bei mindestens 50 Prozent.

Natürlich kann auch die Situation, in der der Verhandlungspartner viele oder sehr gute Alternativen außerhalb der Verhandlung zu haben glaubt, schwierig werden. Um hier voranzukommen, muss die Strategie der Verhandlung darauf hinauslaufen, Optionen des Gegenübers auszuklammern oder die Qualität und die Attraktivität einzelner Optionen zu verschlechtern.

Vorteile von vielen Wahlmöglichkeiten Derjenige mit den meisten Wahlmöglichkeiten kontrolliert die Situation. Diese Aussage der Verhaltenspsychologie beschreibt treffend, worum es in diesem Absatz geht. Je mehr Alternativen man hat und je besser diese erscheinen, umso weniger muss man auf das Gegenüber eingehen. Umso größer sind aber auch Spielräume und Möglichkeiten für Kreativität, aus der häufig wirklich neue und bessere Lösungen entstehen.

Gleichzeitig sind Alternativen auch ein Mittel, um Fixierungen und Sturheit aufzuweichen. Allzu oft begeben sich Verhandlungspartner „freiwillig" in eine Sackgasse, indem sie sich auf bestimmte Optionen festlegen und damit andere ausschließen, zum Beispiel: „Wenn Sie uns nicht mindestens 12 Prozent Nachlass geben, brauchen wir nicht weiter zu verhandeln."

Übung 1: Wahlmöglichkeiten

Hier haben Sie die Übung, die Sie schon von vorhin kennen. Nur geht es jetzt um Wahlmöglichkeiten. Finden Sie je drei Fragen, die die Anzahl von Wahlmöglichkeiten Ihres Partners reduzieren oder die ihn zu weiteren Optionen führen (mehr Wahlmöglichkeiten schaffen).

- Ihr Partner / Ihre Partnerin möchte einen faulen Abend vor dem Fernseher verbringen.
- Ihr Kollege möchte Ihnen eine ungeliebte Tätigkeit aufs Auge drücken.
- Sie möchten ein Auto kaufen, aber der Verkäufer möchte sich nicht auf einen Rabatt einlassen.
- Ihr Chef verwehrt Ihnen den Urlaubstermin, den Sie möchten.
- Eine Politesse ist gerade dabei, Ihnen einen Strafzettel zu schreiben.
- Ihr Sohn / Ihre Tochter hat in letzter Zeit nur sehr wenig Lust, etwas für die Schule zu tun.

Lösungen und Beispielfragen finden Sie unter http://kommunikation.peterbrandl.com.

Aus dem Text ist sicher schon hervorgegangen, wann mit Fragen die Dimension der Wahlmöglichkeiten verändert werden sollte. Fragen, die mehr Wahlmöglichkeiten generieren, sollten eher am Anfang des Gesprächs / der Verhandlung gestellt werden. Außerdem sind sie in allen Situationen angebracht, in denen neue Impulse gebraucht oder Fixierungen aufgeweicht werden sollen. Fragen, die Optionen ausgrenzen, also die Anzahl von Wahlmöglichkeiten reduzieren, sind sinnvoll, um das Ergebnis, aber auch um Teilergebnisse zu fixieren. Sie sollten also eher am Ende des Gesprächs oder am Ende von Gesprächsabschnitten verwendet werden.

Timing und Einsatz der Dimension 2 (Wahlmöglichkeiten)

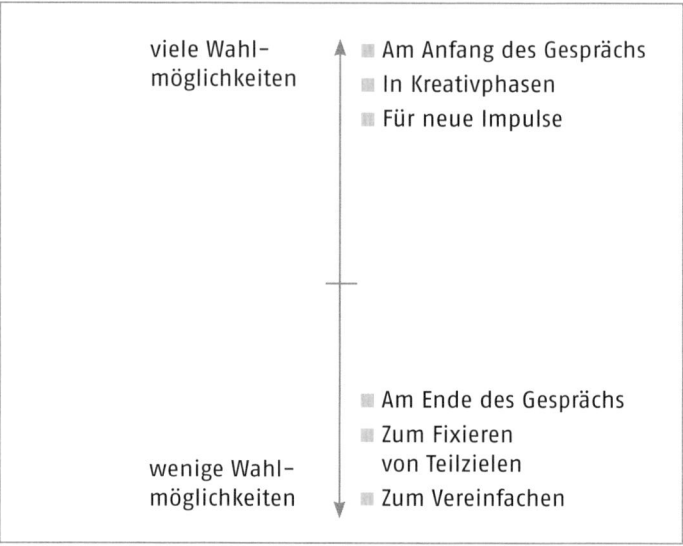

viele Wahl- möglichkeiten	Am Anfang des Gesprächs In Kreativphasen Für neue Impulse
wenige Wahl- möglichkeiten	Am Ende des Gesprächs Zum Fixieren von Teilzielen Zum Vereinfachen

Wann welche Fragen stellen?

Übung 2: Wahlmöglichkeiten

Wählen Sie eine konkrete Situation!

- Finden Sie Fragen, die in dieser Situation zusätzliche Wahlmöglichkeiten schaffen.
- Finden Sie Fragen, die in dieser Situation Wahlmöglichkeiten
  ausgrenzen.
- Notieren Sie Ihre Ergebnisse.

Lösungen und Beispiele wie immer unter http://kommunika-
tion.peterbrandl.com.

Öffnende und fixierende Fragen

Wenn wir die Aussagen der letzten Seiten zusammenfassen, ergibt die klassische Trennung in offene und geschlossene Fragen also wenig Sinn. Deutlich sinnvoller ist es grundsätzlich, zwei andere zentrale Kategorien auf Fragearten anzuwenden:

Öffnende Fragen ermutigen Ihr Gegenüber, sich auszusprechen und alles mitzuteilen, was es weiß. Beispielsweise: „Was war denn da gestern los?"; „Und wie hat er dann reagiert?" Oder auch: „Und hat sie noch etwas gesagt?" Öffnende Fragen kann (und will) man meist nicht in ein oder zwei Worten beantworten. Sie helfen dem Gegenüber dabei, sich mitzuteilen, und führen zu einem tieferen Verständnis seines Standpunktes. Dadurch gewinnt man Zeit, um selbst zu überlegen, weil der andere meist länger für seine Antwort braucht. Öffnende Fragen helfen, die Komplexität auch scheinbar einfacher Zusammenhänge zu erkennen.

Öffnende Fragen

Fixierende Fragen erkennen Sie daran, dass sie in einem Wort oder wenigen Worten zu beantworten sind. Beispielsweise: „Warst du gestern im Kino?"; „Regnet es?" Oder auch: „Was wollen Sie hier noch?" Fixierende Fragen helfen, eine Verhandlung auf wichtige Punkte zu konzentrieren und spezifische Informationen zu erhalten. Fixierende Fragen ermuntern den anderen nicht, sich auszusprechen (deshalb bleiben die Verantwortung für das Thema und die Kontrolle über den Fortgang des Gesprächs beim Fragesteller). Antworten auf fixierende Fragen werden aber auch nur die Information bringen, nach der gefragt wurde. Es kann deshalb vorkommen, dass Sie als Fragesteller wesentliche Informationen nicht erhalten, wenn Sie zu früh damit beginnen, nur noch mit fixierenden Fragen zu arbeiten!

Fixierende Fragen

Es ist also eine völlige Fehleinschätzung zu glauben, mit fixierenden Fragen könne das Gegenüber gesteuert oder das Gespräch verkürzt werden.

Menschen lassen sich nun mal nur ungern manipulieren. Versuche, ein Gespräch mittels fixierender Fragen zu steuern, wirken jedoch oft als Manipulationsversuche. Auch der Zeitfaktor kann vernachlässigt werden. Die durch knappere Antworten gewonnene Zeit geht dadurch verloren, dass die knappen Antworten halt auch unvollständig sind.

Rescue-Fragen – so ziehen Sie den Kopf aus der Schlinge

Zugegeben: Die Techniken der letzten Abschnitte waren etwas komplex. Sie sind sehr wirkungsvoll, funktionieren aber nur mit entsprechendem Training oder Vorbereitung. Wenn Sie bis hierher gelesen haben, dann wissen Sie, dass es mir nicht um akademisch saubere, komplexe Abhandlungen geht, sondern vielmehr um leicht verständliche Konzepte, die man direkt anwenden und in den eigenen Alltag übertragen kann. Und um solche Konzepte zu entwickeln, benutze ich eine ganz einfache Technik: Ich beobachte, was wirkt und funktioniert. Ich beobachte Menschen, die in diesem Bereich erfolgreich sind. Ich beobachte meine Seminarteilnehmer, wie Sie bestimmte Probleme lösen, und ich beobachte natürlich auch mich, wenn ich zum Beispiel etwas demonstriere. Und aus diesen Beobachtungen versuche ich dann Muster oder sogar Konzepte abzuleiten.

Wenige Fragen genügen Bei diesen Beobachtungen ist mir immer wieder aufgefallen, dass das, was wirklich wirkt, öffnende offene Fragen sind. Wenn ich etwas demonstriere, stelle ich fast nur offene Fragen. Konfliktdeeskalation – offene Fragen. Akquisetraining – offene Fragen. Bis hierhin ist das nicht wirklich überraschend. Das Überraschende ist, dass ich überhaupt nur drei bis vier verschiedene offene Fragen benutze. Konfliktdeeskalation – drei bis vier verschiedene Fragen. Neukundenakquise – drei bis vier verschiedene Fragen. Und das Überraschendste: Das sind weitgehend immer dieselben Fragen.

Jetzt stellen Sie sich vor, Sie wären Kommunikationstrainer und Sie entdecken, dass das ganze Geheimnis effektiverer Gesprächsführung auf drei verschiedene offene Frage zurückzuführen ist. Schockierend, oder? Wenn das aber nun mal so einfach ist, dann musste ich wenigstens ein Konzept daraus machen. Und so ist das Konzept der Rescue-Fragen (Kopf-aus-der-Schlinge-zieh-Fragen) entstanden.

Rescue-Fragen sind ...

Merkmale von Rescue-Fragen

▓ immer *offene Fragen*, also Fragen, die man nicht mit „Ja" oder „Nein" beantworten kann. Der Sinn dieser Fragen ist es ja, Ihnen Luft zu verschaffen oder den anderen zum Denken zu bewegen. Beides schaffen Sie am ehesten mit offenen Fragen.

▓ *Fragen, die man sich vorher überlegt.* In dem Moment, wo man sie am dringendsten braucht, fallen einem natürlich keine guten Fragen ein. Warum? Klar! Das Großhirn ist grad an der Bar. Wenn uns aber akut nichts Vernünftiges einfällt, dann müssen wir eben etwas vorbereitet haben, auf das wir zurückgreifen können.

▓ *Fragen, die man benutzt, selbst wenn sie nicht zu 100 Prozent passen.* Wir wissen ja noch nicht, was im anstehenden Gespräch passieren wird. Deshalb können wir natürlich auch nichts vorformulieren, was hundertprozentig passen wird. Macht aber nichts. 80-Prozent-Lösungen reichen völlig aus, um den gewünschten Effekt zu erzielen.

Vorschläge für Rescue-Fragen? Gut. Hier kommen „Peter Brandls Rescue-Fragen":

Was genau erwarten Sie jetzt von mir?
Können Sie sich vorstellen, dass Sie diese Frage in fast jeder schwierigen Situation stellen können und: dass sie hilfreich ist? An dieser Stelle muss ich Sie aber warnen. Benutzen Sie Rescue-Fragen nie als Waffe oder nur als Mittel zum Zweck. Wir haben

Beispiele für Rescue-Fragen

ausführlich darüber gesprochen, wie wichtig die Beziehungsbasis für ein tragfähiges, gutes Ergebnis ist. Benutzen Sie Fragen nur als Mittel der Manipulation, wird das die Beziehung nachhaltig belasten. Und das macht Ihnen dann wieder das Leben schwer. Warnung Nummer zwei: Wenn Sie eine offene Frage stellen, kann es sein, dass die Antwort Ihnen nicht gefällt. Das ist vielleicht blöd, aber das Leben ist nun mal kein Ponyhof. Offene Fragen funktionieren nur, wenn Sie sie ernst meinen. Und das bedeutet, dass Sie auch bereit sind, die Antwort zu hören.

Was müsste passieren, damit ...? | Was müsste ich tun, damit ...?
Eine dieser beiden Fragen passt immer, oder? Aber wie gesagt: Nehmen Sie die Antworten ernst. Fragen Sie gegebenenfalls nach. Rescue-Fragen haben den Sinn, das Gespräch wieder auf eine konstruktive Ebene zu bringen. Dafür ist es wichtig, dass Sie Ihr Gegenüber verstehen. Übrigens: Diese Frage ist hervorragend geeignet, um die Motivation oder den Emotionsköder des anderen herauszufinden.

Wie kriegen wir die Kuh vom Eis?
Diese Frage gefällt Ihnen nicht oder passt nicht zu Ihnen? Kein Problem. Ich habe sie Ihnen aufgeschrieben, um deutlich zu machen, dass das meine Fragen sind. Sie können sie natürlich benutzen, selbstverständlich! Aber testen Sie, ob die Formulierungen zu Ihnen passen. Wenn Sie jedes Mal einen Knoten in der Zunge haben, formulieren Sie sie um oder finden Sie andere Fragen, die besser zu Ihnen passen. Meine drei Rescue-Fragen sind nicht in Stein gemeißelt und sollen Ihnen nur Anregungen geben.

Und, Lust auf eine Jokerfrage?

Jokerfrage *Was noch?*
„Was noch?" ist meine persönliche Jokerfrage. Diese Frage stelle ich in zwei bestimmten Situationen:

1. Ich glaube, da ist noch etwas. Ganz häufig ist es so, dass Menschen nicht gleich mit dem herausrücken, was wirklich relevant ist.

Beispiel:

„Was müsste ich tun, damit Sie mein Kunde werden?"

„Mir einen verdammt guten Preis bieten."

„Okay, der Preis ist wichtig. Was noch?"

„Ähm", (Pause) – „Ja, und ich müsste Ihnen vertrauen können."

„Okay. Woran machen Sie fest, ob Sie jemandem vertrauen können?" usw.

Die erste Antwort ist häufig nicht die wirklich relevante. Also haben Sie den Mut weiterzufragen. Schnappen Sie nicht nach dem ersten Happen, der Ihnen zugeworfen wird. Fragen Sie weiter und hören Sie zu!

2. Die Antwort gefällt mir nicht. Wahrscheinlich können Sie sich vorstellen, dass ich keine besondere Lust habe, mich auf Preisdiskussionen einzulassen. Wenn also, wie im Beispiel gerade eben, so etwas kommt, dann frage ich weiter. Und ich habe immer wieder bemerkt, dass der Preis nicht das wirklich wichtige Thema ist. Das, was als Erstes kommt, ist selten das, worum es wirklich geht!

Rescue-Fragen sind
- immer offene Fragen,
- die man sich vorher überlegt
- und die man dann auch stellt, selbst wenn sie nicht zu 100 Prozent passen.

Peter Brandls Rescue-Fragen
- Was genau erwarten Sie jetzt von mir?
- Was müsste ich tun, damit ...?
- Wie kriegen wir die Kuh vom Eis?
- Was noch?

Fragetechnik und Beziehungsaufbau

Kein Verhör starten! Viele Seminarteilnehmer berichten immer wieder von negativen Erfahrungen, wenn sie versuchen, Fragen in ihren Alltag einzubauen. Motiviert und hochbemüht versuchen sie alles, was wir über Fragetechnik besprochen haben, umzusetzen. Und sie stellen tatsächlich eine Frage nach der anderen. Und das Ergebnis? Der Gesprächspartner fühlt sich ausgefragt und macht zu. Bestimmt kennen Sie ähnliche Situationen. Sie sitzen Menschen gegenüber, von denen Sie regelrecht gelöchert werden, und fragen sich nur noch, ob Sie hier in einem Verhör sitzen und sich rechtfertigen müssen.

Klar, dass niemand darauf Lust hat und das Ganze auch nicht wirklich beziehungsförderlich ist. Wie kann man also Fragen effektiver einsetzen, ohne dass der andere sich an die Wand gedrängt fühlt? Lassen Sie mich Ihnen drei einfache, aber sehr wirkungsvolle Methoden zeigen.

Klappe halten und zuhören

Dem anderen Zeit lassen Ich hatte weiter oben gesagt: Überzeugen ist unterstützen bei einem inneren Sortierprozess. Sortieren braucht aber nun mal Zeit. Und diese Zeit müssen Sie Ihrem Gegenüber geben. Lassen Sie uns ein einfaches Experiment machen. Beantworten Sie die Frage: Wie sieht für Sie ein perfektes Frühstück aus? Ich meine ein wirklich perfektes?

Können Sie diese Frage ganz spontan beantworten? Oder merken Sie, dass Sie erst nachdenken müssen? Müssen Sie vielleicht erst ein Bild vor Ihrem geistigen Auge entstehen lassen? Müssen Sie korrigieren, bis Sie sich sicher sind, dass es so wirklich perfekt ist? All das braucht Zeit. Und diese Zeit müssen Sie Ihrem Gegenüber geben. Stellen Sie Ihre Frage und dann halten Sie die Klappe. Geben Sie Bedenkzeit.

Stimmen Sie mir zu, dass 20 Sekunden Bedenkzeit wirklich jedem gewährt werden sollten? Aber ist Ihnen bewusst, wie lang 20 Sekunden wirklich sind? Probieren Sie das doch mal aus. Stoppen Sie die Zeit und seien Sie währenddessen völlig still. Glauben Sie mir, das zieht sich.

Wir müssen lernen, unserem Gesprächspartner Zeit zu geben. Das Gras wächst nicht schneller, wenn man dran zerrt. Das ist deswegen so wichtig, weil wir nur entweder denken oder zuhören können.

Machen Sie keine Vorschläge. Wenn Sie zum Beispiel bei der Frühstücksfrage irgendwann vor lauter Ungeduld fragen „Ist da Tee oder Kaffee dabei?", dann passiert bei Ihrem Gegenüber etwas ganz Spannendes: Der andere hört sofort mit dem kreativen Denken auf und hat nur noch Ihre beiden Optionen im Sinn. Und wenn es ganz blöd kommt, dann antwortet er: „Nee, beides nicht!" Punkt! Stellen Sie Ihre offene Frage und dann geben Sie Ihrem Partner die Zeit, über die Antwort nachzudenken.

Keine Vorschläge unterbreiten

Die Anti-Verhör-Formel

Die Technik von eben stellt sicher, dass Sie möglichst viel erfahren. Mit der folgenden Technik vermeiden Sie den Verhöreffekt. Eigentlich liegt es auf der Hand: Stellen Sie nicht ununterbrochen offene Fragen, sondern binden Sie auch Aussagen oder Statements von sich mit ein oder *begründen Sie Ihre Frage.*

Fragen begründen

„Wie viel verdienen Sie?" Diese Frage ist in unserem Kulturkreis fast schon provokativ. Die erste (zumindest gedankliche) Antwort wird wahrscheinlich meistens „Was geht Sie denn das an?" lauten. Begründen wir die Frage: „Wie viel verdienen Sie? Mir ist die Frage wichtig, weil ich einschätzen möchte, mit welchen Hierarchiestufen ich es in diesem Seminar zu tun habe und wo

Sie in der innerbetrieblichen Nahrungskette stehen." Ich vermute, Sie stimmen mir zu, dass der Seminarteilnehmer im zweiten Fall eher bereit ist, mir Auskunft zu geben. Begründen wir also unsere Fragen.

Eigene
Statements
bringen

Die Anti-Verhör-Formel hat noch eine zweite Variante: *Statement + Frage.*
Reihen Sie nicht eine Frage an die andere. Unterbrechen Sie Ihr „Ausfragen" mit eigenen Statements. Sagen Sie, was Ihnen wichtig oder was Ihr Ziel ist, und fragen Sie dann weiter. Beispiel: „Der Preis ist für mich gar nicht so ausschlaggebend. Was ist für Sie besonders wichtig?" Oder: „Mein Ziel ist vor allem, langfristige Partnerschaften aufzubauen. Dafür wäre ich auch bereit, an anderen Stellen bestimmte Abstriche zu machen. Was müsste ich tun, damit Sie mein Kunde werden?"

Quittieren, wertschätzen und weiterfragen

Auch diese Technik ist eigentlich banal und offensichtlich: Wir müssen unserem Gegenüber das Gefühl geben, dass seine Aussagen angekommen sind und dass sie bei uns irgendetwas auslösen. Quittieren Sie also jede Antwort Ihres Gegenübers – wie beim Paketdienst. Wenn Ihnen UPS ein Päckchen bringt, müssen Sie schließlich auch unterschreiben, dass das Päckchen angekommen ist. Beispiel:

„Was ist Ihnen bei Ihrem neuen Job besonders wichtig?"
„Die Arbeitsbedingungen."
„Was noch?"
„Dass ich Arbeit und Familie unter einen Hut bekomme."
„Wie viele Kinder haben Sie?"
„Zwei"
„Schulpflichtig?"
„Das eine ja, die Kleine geht noch in den Kindergarten."

Wie lange würden Sie dieses Spiel mitmachen und wie sympa-
thisch wäre Ihnen Ihr Gegenüber? Vermutlich stimmen Sie mir
zu, dass eine vertrauensvolle, partnerschaftliche Kommunikation anders aussieht. Packen wir doch einmal Quittungen und ein
paar wertschätzende Formulierungen in das Gespräch:

„Was ist Ihnen bei Ihrem neuen Job besonders wichtig?"
„Die Arbeitsbedingungen."
„Klar, die Arbeitsbedingungen sind natürlich sehr wichtig. Was
noch?"
„Dass ich Arbeit und Familie unter einen Hut bekomme."
„Sie haben Familie? Da kann ich mir natürlich vorstellen, dass
Sie besonders Wert drauf legen, alles unter einen Hut zu krie-
gen. Wie viele Kinder haben Sie?"
„Zwei"
„Ach schön, schulpflichtig?"
„Das eine ja, die Kleine geht noch in den Kindergarten."

So klingt das Gespräch doch viel angenehmer, oder? Wahrscheinlich wäre es insgesamt auch anders gelaufen, weil unser
Befragter von sich aus in der zweiten Variante schon mehr er-
zählt hätte.

Quittieren Sie die Aussagen Ihres Partners. Machen Sie deutlich,
dass seine Worte bei Ihnen angekommen sind und dass Sie diese auch verstanden haben. Signalisieren Sie Wertschätzung, indem Sie Aussagen positiv verstärken, Verständnis äußern oder
auch Gemeinsamkeiten ansprechen. Je besser Ihre Beziehungsbasis, umso mehr Informationen können Sie erfragen, umso
„intimere" Fragen können Sie stellen und umso besser, tragfähi-
ger und nachhaltiger wird Ihr Gesprächsergebnis sein.

Beachten Sie die folgenden Grundsätze effektiven Verhandelns:

1. Vorbereitung ist das halbe Ergebnis. Gehen Sie möglichst gut vorbereitet, entspannt und ausgeschlafen in eine Verhandlung.
2. Machen Sie sich Ihre Ziele, Wünsche und Gefühle bewusst. Entwickeln Sie Ihr MAMA-Konzept.
3. Trennen Sie das Problem von der Person. Beachten Sie die Beziehungsebene.
4. Fragen, und zwar offene Fragen, sind das effektivste Mittel der Gesprächsführung.
5. Bereiten Sie Verhandlungen mittels Fragen vor. Finden Sie für jede Phase der Verhandlung geeignete offene Fragen.
6. Rescue-Fragen sind Ihr Trumpf in der Hinterhand.
7. Bleiben Sie beim Thema und vermeiden Sie Nebenkriegsschauplätze.
8. Entwickeln Sie Alternativen, um flexibel zu bleiben.
9. Zeigen Sie klar abgegrenztes (nicht unbegrenztes) Vertrauen in die andere Seite.
10. Vermeiden Sie Kriegsspiele.

Säule V

Konfliktmanagement – so kriegen Sie die Kuh vom Eis

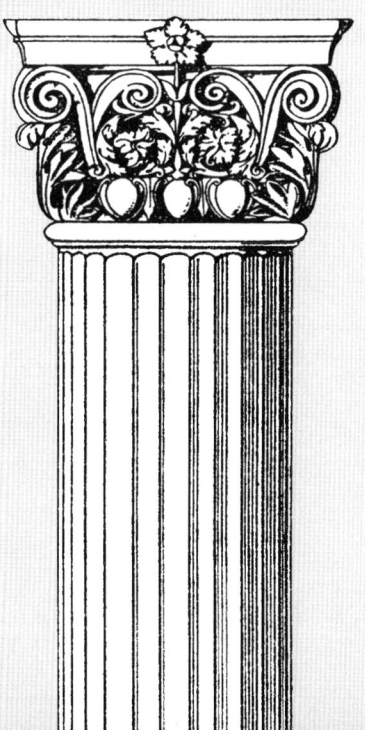

Vielleicht ist Ihnen aufgefallen, dass wir in diesem Buch bis jetzt noch nie von Konflikten gesprochen haben. Schwierige Gespräche, ja. Komplexe Verhandlungen, ja. Aber Konflikte? Es gibt einen ganz einfachen Grund, der mich veranlasst hat, das Wort Konflikt bis jetzt zu vermeiden: Es wird mir zu inflationär benutzt. Und außerdem: Was ist überhaupt ein Konflikt?

Was ist ein Konflikt? Wenn ich in meinen Seminaren oder Vorträgen diese Frage stelle, sehe ich als Erstes immer leicht irritierte Blicke. Wir benutzen das Wort zwar ständig, machen uns aber keine Gedanken, was wir damit eigentlich meinen. Dann kommen die ersten Definitionsversuche, meistens so etwas wie: „Ein Konflikt sind unterschiedliche Meinungen oder Ziele."

Ist das so? Stellen Sie sich vor, wir sitzen gemeinsam in einem Restaurant. Ich will Fisch, Sie wollen Fleisch. Haben wir jetzt einen Konflikt? Sicher nicht, oder? Jeder kann ja bestellen, was er will. Wir brauchen also zumindest eine Ressourcenverknappung. Also: Der Koch kommt und sagt: „Ihr seid die beiden Einzigen heute. Ich mache nur ein Essen. Entscheidet euch!" Haben wir jetzt einen Konflikt? Auch nicht, oder? Kann ja sein, dass ich dann nur Beilagen esse. Oder gar nichts. Was macht aber dann einen Konflikt aus? Was fehlt? Meine Teilnehmer sagen hier immer so etwas wie: „Einer muss auf seiner Meinung bestehen." Und das gibt dem Ganzen eine Richtung.

Worum geht es bei Konflikten?

Wenn Sie die gängige Literatur zum Thema Konflikt und Konfliktmanagement lesen, finden Sie unzählige Begriffsdefinitionen. Lassen Sie mich Ihnen zwei davon geben, die ich als besonders geeignet empfinde.

Konflikt – Definition 1

Ein Konflikt ist das Aufeinanderprallen von (scheinbar) nicht zu vereinbarenden Zielen, Interessen oder Werten, verbunden mit starken Emotionen.

Klar braucht es unterschiedliche Interessen oder Ziele, aber das allein macht keinen Konflikt. Das ist eine Meinungsverschiedenheit. Ich kann durchaus mit Menschen befreundet sein, die eine andere politische oder religiöse Meinung haben als ich. Ich kann mit Kollegen zusammenarbeiten, auch wenn wir unterschiedliche Ansichten haben, wie ein Problem zu lösen ist.

Erst wenn Emotionen ins Spiel kommen, birgt das Ganze die Gefahr, problematisch zu werden. Emotionen, im schlimmsten Fall Fanatismus, machen aus unterschiedlichen Ansichten einen Konflikt.

Emotionen im Spiel

Das Gute: In dieser Definition liegt auch schon der Lösungsansatz. Wenn die Emotionen das sind, was den Konflikt zum Konflikt macht, dann ist Konfliktmanagement eigentlich Emotionsmanagement. Wir müssen Wege finden, die Emotionen aller Beteiligten (also auch unsere eigenen) in den Griff zu bekommen, dann können wir wieder über die Sachfragen diskutieren.

Bevor wir aber über Techniken des Emotionsmanagements sprechen, möchte ich Ihnen noch die zweite Definition des Begriffs Konflikt anbieten:

Konflikt – Definition 2

Ein Konflikt ist Kommunikation im Zustand des Nichtverstehens.

Konflikte entstehen aus Missverständnissen Ist Ihnen schon mal aufgefallen, dass Menschen, die sich streiten, meistens gleichzeitig reden? Ist Ihnen schon mal aufgefallen, dass Menschen, die sich streiten, völlig aneinander vorbeireden, dass sie sich streiten, obwohl sie vielleicht sogar genau das Gleiche meinen? Konflikte entstehen regelmäßig aus Missverständnissen oder Unverständnis. Ich glaube zu wissen, was der andere meint. Ich bin sogar überzeugt, dass ich weiß, was der andere denkt. „Das habe ich doch so gar nicht gemeint!" Wie häufig haben wir diesen Satz schon gehört. Wenn die heiße Phase des Konflikts abgeklungen ist, stellt man fest, dass die Positionen eigentlich gar nicht so weit auseinander waren.

Das Gute: Auch in dieser Definition ist die Lösung schon wieder vorhanden. Konfliktmanagement bedeutet danach nämlich schlicht Übersetzen oder anders ausgedrückt: Sicherstellen, dass man vom Gleichen redet, Verstehenwollen und Erklären. Eigentlich auch nicht so schwer, oder? Schauen wir uns doch erst mal an, wie es üblicherweise läuft.

Klassische Konfliktlösung

Wir Menschen haben häufig ein ähnliches Konfliktmuster. Natürlich wissen wir, dass ein Konflikt immer eine Chance ist. Natürlich sind die Definitionen von eben für uns nichts Neues. Komisch nur, warum dann so viele Konflikte eskalieren.

Das Raubtier in uns Der Grund dafür ist ein ganz einfacher: Wir stammen vom Raubtier ab. Und deshalb wollen wir gewinnen. Wir wollen dem anderen etwas heimzahlen, ihm eins auswischen, uns rächen. Konflikte verlassen sehr schnell die Sachebene und werden zu einem Austausch mehr oder weniger persönlicher Angriffe. Dieses Zusammenspiel von Angriff und Gegenangriff heißt jedoch in einem Wort: **Krieg**!

Und Kriege werden nicht ohne Verluste geführt – auch nicht auf der Seite des Gewinners. Es bringt uns doch nichts, wenn wir uns als Gewinner fühlen können, aber eine Beziehung zerstört oder einen Geschäftspartner verloren haben. Ein Hauptziel effektiver Kommunikation muss es also sein, Alternativen zu diesem ewigen Kriegspielen zu finden. Gut. Aber vielleicht halten Sie mir jetzt meine eigenen Aussagen vor und sagen, das Leben ist nun mal kein Ponyhof und wer nichts fordert, bekommt nichts. Das stimmt auch, aber:

Druck erzeugt Gegendruck.

In manchen Büchern wird diese Aussage auch als „Gesetz der Reziprozität" bezeichnet. Man kann nicht immer sagen, dass es so herausschallt, wie man hineinruft. Was man aber sagen kann, ist, dass Sie Gegendruck provozieren, wenn Sie Druck ausüben. In dem Moment, wo Sie in dieses klassische kriegerische Muster verfallen, werden Sie eine kriegerische Antwort bekommen. Sie sollten sich also genau überlegen, ob und welche Form von Druck Sie ausüben.

Gesetz der Reziprozität

Bitte verstehen Sie mich nicht falsch. Ich meine nicht, dass Sie alles hinnehmen sollten, um eine Situation nicht zu eskalieren. Manchmal muss man klar Stellung beziehen und diese Stellung eventuell auch aggressiv verteidigen. Manchmal kann Druck durchaus das richtige Mittel sein.

Aber Druck auszuüben setzt voraus, dass Sie über Machtmittel verfügen. Sonst machen Sie sich lächerlich. Wenn Sie Vorstandsvorsitzender sind, haben Sie wahrscheinlich die Machtmittel, um in Ihrem Unternehmen eine Position mittels Druck durchzusetzen. Aber selbst wenn Sie über ausreichend Machtmittel verfügen, ist es fraglich, ob Druck tatsächlich die effektivste Möglichkeit ist, Ihre Ziele zu verfolgen.

Vier typische Konfliktmerkmale Man kann einen zwischenmenschlichen Konflikt in der Regel an folgenden vier Merkmalen festmachen:

- *Wahrnehmung:* Die Wahrnehmung wird eingeschränkt. Es zeigen sich die typischen Stressphänomene wie Tunnelblick, man fühlt fast nichts mehr usw. Die Sachebene wird zunehmend durch Interpretationen ersetzt. Man hört nicht mehr zu. Unsere Wahrnehmungsfilter werden zunehmend negativ.

- *Kommunikation:* Die Kommunikation der Beteiligten verändert sich. Hemmschwellen sind reduziert, es wird also deutlich stärker provoziert. Die Interaktion nimmt ab, das heißt, es wird immer weniger auf den anderen geachtet. Informationen werden zunehmend durch Vorannahmen ersetzt.

- *Einstellung:* Misstrauen und Argwohn prägen die Situation. Dem anderen werden zunehmend Böswilligkeit und Destruktivität unterstellt. Die Motivation nimmt ab. Mit der Zeit treten Effekte wie Rückzug und innere Kündigung auf.

- *Aufgabenbezug:* Teamarbeit und Kollektivität werden zunehmend von Individualität und Abschottung abgelöst. Jeder arbeitet für sich, Lösungen der anderen erscheinen unsinnig.

Diese vier Symptome sind wechselseitig miteinander verknüpft und beeinflussen sich gegenseitig. Wenn in einer Beziehung oder Gruppe ein Merkmal auftritt, zieht es über kurz oder lang auch die anderen Symptome nach sich. Damit kommt es zur „Eskalation" eines Konflikts.

Selbstwertgefühl
und Selbstbewusstsein

„Das tangiert mich doch gar nicht." Oder: „In solchen Situationen bin ich einfach nicht ich selber. Da fühle ich mich immer völlig eingeschüchtert." Sicher kennen Sie solche Aussagen. Jeder Mensch hat von sich selbst ein bestimmtes Bild. Dieses Bild kann eher positiv oder eher negativ geprägt sein. Ein guter Indikator für das jeweilige Selbstbild sind Sätze wie „Das kann ich ja doch nicht ...", „Dafür bin ich zu blöd ..." oder „Wenn ich will, dann schaffe ich das ...".

Das Selbstbild kann in verschiedenen Kontexten und Situationen durchaus unterschiedlich sein. So kann ein Mensch privat oder in einem Verein überaus selbstbewusst und selbstsicher agieren, diese Ressource aber bei einer Präsentation gegenüber Vorgesetzten völlig verlieren (oder natürlich auch umgekehrt).

Das Selbstbild

Die Psychologie[1] bietet ein Werkzeug, das zwar etwas pathetisch **Okay-Haltung** anmutet, aber zum Beschreiben und Verstehen der inneren Haltung sehr gut geeignet ist, nämlich das Modell der Okay-nicht-okay-Haltungen. Grundsätzlich kann man zwischen einer „Ich bin okay"- und einer „Ich bin nicht okay"-Haltung unterscheiden. Die Okay-Haltung bedeutet, dass der Betreffende zu sich, seinen Stärken, aber auch zu seinen Schwächen steht. Der Okay-Mensch nimmt sich an, versucht aber natürlich auch, an sich zu arbeiten und sich weiterzuentwickeln.

---

1 Transaktionsanalyse

Nicht-okay-
Haltung

Wie die Bezeichnung „Ich bin nicht okay" schon ausdrückt, steht diese Haltung für Menschen, die (zumindest in der entsprechenden Situation) nur ein geringes Selbstwertgefühl haben. Die Betreffenden fühlen und erleben sich als wenig fähig, unwichtig oder auch als wenig intelligent oder ungeschickt. Entsprechend dem Modell der sich selbst erfüllenden Prophezeiung bestätigen sich die Menschen natürlich regelmäßig in der Meinung, die sie sich gebildet haben, das heißt, sowohl Okay-Typen als auch Nicht-okay-Typen werden sich tendenziell eher bestätigt fühlen.

Das Selbstbild im Vergleich zu anderen

Da wir nicht auf einer einsamen Insel leben, setzen wir unser Bild von uns selbst immer in Relation zu dem Bild, das wir von anderen haben. Obwohl dieses Bild gern mit Argumenten wie dem akademischen Grad, der Hierarchiestufe oder dem Körperbau des anderen belegt wird, ist es letztlich genauso willkürlich gewählt und konstruiert wie das Selbstbild. Wir können vier Zustandsformen unterscheiden:

Ich bin okay –
du bist okay

Der Betreffende erlebt sich als seinem Partner gleichwertig. Trotz eventuell starker sachlicher Differenzen wird partnerschaftlich und wertschätzend diskutiert. Konflikte und Meinungsverschiedenheiten werden nicht auf die persönliche Ebene transportiert. Derjenige mit der vermeintlich schwächeren Position ordnet sich nicht unter. Es wird „wie unter Erwachsenen" verhandelt.

Der Betreffende erlebt seinen Partner als untergeordnet. Typische Beispiele für diese Haltung finden sich im „Oberlehrer-Verhalten", aber auch im klassischen „Sind Sie denn zu gar nichts zu gebrauchen?"-Stil. Sachliche Differenzen werden vorwiegend auf der persönlichen Ebene ausgetragen. Die Rollen lassen sich zum Beispiel beschreiben als: Gönner/ Gebieter – Untergebener/Bedürftiger.

Ich bin okay – du bist nicht okay

Der Betreffende erlebt seinen Partner als übergeordnet beziehungsweise als mehr wert. Diese Haltung tritt auch als Ergebnis eines (begründeten) schlechten Gewissens auf. Der Partner ist im Recht, man selbst im Unrecht. Problematisch ist diese Haltung, weil sie in Unterwürfigkeit mündet und oft dazu führt, dass man alle Verantwortung auf den „großen Meister" delegiert.

Ich bin nicht okay – du bist okay

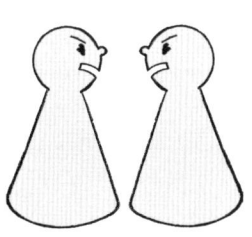

Ursprünglich wurde diese Haltung nur im pathologischen Zusammenhang beschrieben. Es geht darum, dem anderen zu schaden, sich an ihm zu rächen. Ergebnis dieser Haltung ist eine reine Verlierer-Verlierer-Situation. Übertragen auf das Geschäftsleben entwickelt sich diese Situation häufig aus einer „Okay-nicht-okay"-Haltung. Das Verhalten ist nur noch emotional und destruktiv.

Ich bin nicht okay – du bist nicht okay

Aus diesen Selbst- und Fremdbildern ergeben sich Konsequenzen:

▪ *Ihr Selbstbild bestimmt Ihre Performance*
Seien Sie sich selbst gegenüber kritisch, aber konstruktiv kritisch. Ignorieren Sie Ihre Schwächen und Defizite nicht, aber
kümmern Sie sich um Ihre Stärken.

▪ *Niemand ist besser oder mehr wert als Sie*
Auch Vorstandsvorsitzende gehen zu Fuß aufs Klo. Es gibt
viele Menschen, die etwas besser können als Sie oder die
mehr Macht haben als Sie. Machen Sie sich bewusst, dass wir
dennoch unterm Strich alle gleichwertig sind.

▪ *Sie bekommen, was Sie bestellen*
Sie entscheiden, mit welcher inneren Haltung Sie einem
anderen gegenübertreten. Unsere Gesprächspartner tun uns
häufig den Gefallen und verhalten sich so, wie wir es von
ihnen erwarten.

Alles außer der Okay-okay-Haltung ist instabil und führt mittel-
fristig zu Schwierigkeiten.

Sorgen Sie bei sich für eine Okay-okay-Haltung. Wenn Sie sich
selbst als weniger gut oder besser beziehungsweise weniger
oder mehr wert als den anderen betrachten, reduzieren Sie Ihre
Möglichkeiten und Ihre Chancen auf Erfolg in einem Gespräch
oder einer Verhandlung dramatisch.

Reflektieren Sie Ihre Grundhaltung zu verschiedenen Partnern:

Ihr Chef   Ihr Partner   Ihr Kollege   Ihr Kunde

- Wem gegenüber sehen Sie sich längerfristig in anderen Positionen als der Okay-okay-Haltung?
- In welchen Situationen oder gegenüber welchen Menschen erleben Sie sich in einer Nicht-okay-Haltung?
- Woran liegt das?
- Was können/wollen Sie tun, um in sich eine Okay-okay-Haltung aufzubauen?

Es geht hier nicht darum, dass Sie mal sauer sind und den anderen in der Luft zerreißen könnten. Es geht mir auch nicht darum, dass Sie gelegentlich das Gefühl haben, der oder die Größte zu sein (vielleicht sind Sie das in diesem Moment ja sogar). Aber denken Sie bitte daran: Alles außer der Okay-okay-Haltung funktioniert auf Dauer nicht. Insofern ist mir der letzte Punkt besonders wichtig: Was können/wollen Sie tun, um (in sich) eine Okay-okay-Haltung aufzubauen?

Schäferhundmodus – erst schlagen, dann fragen

Ich habe keine Ahnung, was Sie gedacht haben, als Sie die letzten Absätze gelesen haben. Vielleicht so etwas wie „Ist ja gut und schön, aber es gibt Situationen, da kann ich gar nicht anders als ..." oder „Bei diesem Typ geht mir die Hutschnur schon hoch, wenn ich nur an den denke ..." oder vielleicht auch „Okay, okay, mag ja sein. Aber bei XX macht mich schon die Stimme aggressiv".

Jeder steuert seine Emotionen selbst Was meinen Sie: Kann ich in Ihnen Emotionen auslösen? Könnte ich Sie zum Beispiel wütend machen? Ja? Sind Sie sicher? Stellen Sie sich vor, ich hätte es geschafft: Ich hätte Sie richtig wütend gemacht. Ich hätte irgendetwas geschrieben, das Sie so aufregt, dass Sie kurz davor sind, dieses Buch zu zerreißen und in die Ecke zu werfen. Und ganz kurz bevor Sie völlig ausrasten, klingelt Ihr Telefon. Das Krankenhaus ist dran und sagt Ihnen, dass Ihr Kind oder ein anderer Mensch, den Sie lieben, einen schweren Unfall hatte und jetzt auf der Intensivstation liegt. Was passiert mit Ihrer Wut auf mich? Weg, oder? Sie haben Ihre Wut selbst erzeugt und Sie haben sie selbst wieder aufgelöst, weil Ihnen etwas anderes wichtiger ist. Sie selbst steuern Ihre Emotionen und niemand anderes!

Puh, in der Theorie klingt das ja ganz einleuchtend. Aber in der Praxis? Warum fällt es uns manchmal so schwer, unsere Emotionen im Griff zu behalten? Warum lösen bestimmte Menschen oder bestimmte Situationen nahezu zwangsläufig irgendwelche Emotionsausbrüche in uns aus? Viktor Frankl hat einmal sinngemäß gesagt, dass es nur eine Sache gibt, die uns Menschen wirklich vom hoch entwickelten Säugetier unterscheidet: Wir Menschen haben zwischen Reiz und Reaktion einen Raum der Entscheidung.

Der Raum der Entscheidung Raum der Entscheidung – ein Hund zum Beispiel hat den nicht. Wenn bei ihm ein bestimmter Reiz auftritt, muss er zwangsläufig reagieren. Ein Hund kann nicht entscheiden, dass er nicht auf die läufige Hündin reagiert, weil er sich denkt, dass es seine Chancen steigert, wenn er sie nicht beachtet. Ein Hund kann auch seinen Lieblingsfeind nicht einfach ignorieren. Wenn ein bestimmter Reiz auftritt, muss der arme Hund zwangsläufig in einer bestimmten Art und Weise reagieren.

Wir Menschen haben diesen Raum der Entscheidung – immer! Manchmal ist er aber so schmal, dass nicht einmal ein Blatt Papier dazwischenpasst. Manchmal scheint die Reaktion regelrecht zwangsläufig (fast schon zwanghaft) zu erfolgen. Das ist das, was ich als Schäferhundmodus bezeichne: Reiz ist gleich Reaktion.

Reiz und Reaktion

Bei mir zum Beispiel wird der Schäferhundmodus regelmäßig ausgelöst, wenn ich aus dem ICE aussteigen will. Der Zug hält an, man sieht eine Menschentraube vor sich, aber irgendwie scheint keiner von denen eine Kindergärtnerin wie meine gehabt zu haben. Die hat nämlich immer gesagt: „Kinder, lasst die Leute erst aussteigen." Und dann quetschen die sich an mir vorbei und rempeln mich an. Das nervt und lässt mir den Kamm schwellen. Die Frage ist nur, ob ich das will.

Der Schäferhundmodus kann auch etwas Schönes sein. Sie verbringen einen wundervollen romantischen Abend, Sie sehen einen traumhaften Film – warum sich nicht einfach seinen Emotionen hingeben? Der Schäferhundmodus ist an sich nicht schlecht, egal, ob mit eher positiv oder negativ besetzten Emotionen. Die Frage ist nur, ob das der Evolutionslevel ist, auf dem Sie Ihr Leben verbringen wollen.

Mit Sicherheit stimmen Sie mir zu, dass auch bei Ihnen Reiz und Reaktion manchmal direkt zusammenhängen, dass auch Sie in bestimmten Situationen automatisch in den Schäferhundmodus verfallen. Das ist völlig normal, bei jedem Menschen ist das so. Die Frage ist nur, ob Sie sich damit immer einen Gefallen tun. Wie kriegen wir denn unseren Schäferhundmodus in den Griff?

Den Schäferhund zähmen Als Erstes identifizieren Sie die Situationen, die bei Ihnen den Schäferhundmodus auslösen. Das könnte zum Beispiel sein, wenn jemand Sie auf der Autobahn nicht vorbeilässt oder wenn sich an der Supermarktkasse jemand vordrängelt. Finden und sammeln Sie diese Situationen. Als Nächstes können Sie sich die Frage stellen: Will ich mich eigentlich darüber aufregen? Wenn nein, dann lassen Sie es doch!

Leichter gesagt als getan? Vielleicht. Aber Sie können üben. Wenn Sie Ihre Reiz-Situationen identifiziert haben, können Sie sich bewusst hineinbegeben. Sie können bewusst solche Situationen suchen und üben.

Vielleicht hilft Ihnen auch eine Weisheit, die ich von einem Lehrer habe, der mich ausgebildet hat. Immer wenn ich kurz vorm Toben war, hat der nämlich gesagt: *„Du kannst dich jetzt darüber aufregen, du musst es aber nicht. Nur egal was du tust, denk immer dran: Es ist deine Magenschleimhaut, die sich ablöst!"*

Übung: Schäferhundmodus

- Finden Sie zwei bis drei Partner, mit denen Sie diese Übung machen wollen.
- Finden Sie für jeden Ihrer Partner mindestens drei Situationen, die bei ihm/ihr typischerweise den Schäferhundmodus auslösen.
- Welche Verhaltensweisen sehen Sie dann bei Ihrem Partner / Ihrer Partnerin?
- Welche Verhaltensweisen würden Sie sich stattdessen wünschen?

Bemerken Sie ein Muster? Jeder von uns hat diese Auslöser, und die Heiligen, die jetzt so tun, als würden sie das nicht kennen, ganz besonders. Aber wie schon gesagt: Ist das der Evolutionslevel, auf dem Sie verharren wollen?

Konstruktive Konfliktdeeskalation

Die Basis, um Konflikte effektiv deeskalieren zu können, haben wir jetzt gelegt: Ihnen wird immer stärker bewusst, was in Ihnen den Schäferhundmodus auslöst, was die Reize und Situationen sind, in denen Ihr Stammhirn nur noch Angreifen, Abhauen und Tot-Stellen kennt. Lassen Sie uns doch als Nächstes über Techniken nachdenken, die Ihnen helfen, Konflikte konstruktiv aufzulösen. Notfalltechniken, die Sie spontan und unter akutem Stress wieder handlungsfähig machen, aber auch strategische Methoden, die einen Konflikt langfristig und nachhaltig lösen.

Notfalltechnik in Konflikten

Bevor wir tiefer in die Psychologie einsteigen, möchte ich Ihnen zuerst eine ganz einfache Notfalltechnik mitgeben. Diese Technik ist dann sinnvoll, wenn Sie von einem Konflikt überrascht oder sonst dabei sind, die Kontrolle zu verlieren.

Stellen Sie sich vor, Sie sind Boxer. Und während eines Kampfes verlieren Sie irgendwie die Kontrolle und wissen, dass Sie angeschlagen sind. Wäre es jetzt nicht gut, wenn Sie eine K.o.-Technik hätten? Eine effektiv funktionierende Technik, mit der Sie Ihren Gegner vielleicht nicht gleich K.o. schlagen können, die Ihnen aber auf jeden Fall wieder die Oberhand beschert? Keine Ahnung, ob es im Boxen so eine Technik gibt. In der Kommunikation gibt es sie. Damit Sie diese Technik auf jeden Fall richtig aussprechen (und das ist für die Funktion schon mal wichtig), habe ich sie nicht K.o.-, sondern der Phonetik folgend K.A.O.-Technik genannt. Sie vermuten, diese Technik besteht aus drei Schritten? Richtig!

Die K.A.O.-Technik

K lappe halten
A usatmen
O ffene Frage

Klappe halten: Das ist der erste Schritt dieser Technik. Klingt einfach – ist es aber nicht. Erinnern Sie sich bitte an einen Konflikt, den Sie persönlich erlebt haben. Was wäre, wenn Sie die Möglichkeit hätten, die ersten 20 Sekunden dieses Konflikts auszulöschen und neu zu schreiben? Was wäre, wenn Sie die Möglichkeit hätten, Ihre ersten beiden Sätze zu löschen? Können Sie sich vorstellen, dass der Konflikt vielleicht einen ganz anderen Verlauf genommen hätte? Wir können die ersten Sätze im Nachgang nicht umschreiben. Wir können aber dafür sorgen, dass sie gar nicht erst gesagt werden.

Also: Wenn irgendetwas passiert, das Ihnen den Kamm schwellen lässt, wenn von hinten Ihr Stammhirn angepest kommt und töten will, dann unterbrechen Sie Ihren ersten Impuls. Halten Sie die Klappe! Der erste Impuls kommt in solchen Situationen immer vom Stammhirn, und wir wissen, das hat nur drei Optionen: Angreifen – Abhauen – Tot-Stellen. Und diese drei sind wahrscheinlich nicht unbedingt hilfreich, wenn Sie sich in einem Konflikt mit Ihrem Chef wiederfinden. Also halten Sie die Klappe! So lösen Sie das Problem noch nicht, aber zumindest machen Sie es nicht schlimmer.

Ich lese immer wieder Empfehlungen wie „erst mal tief durchatmen". Sicher gut gemeint, aber um das Einatmen müssen Sie sich nicht kümmern. Das machen Sie automatisch. Im Gegenteil: Wir pumpen uns mit Luft voll, bis wir völlig aufgebläht sind. Konzentrieren Sie sich auf das Ausatmen. Atmen Sie aus, und zwar anhaltend. So lange, bis überhaupt keine Luft mehr in den Lungen ist. Dieses Ausatmen hat zwei Effekte:

1. Sie müssen sich um Bauch und Zwerchfell entspannen. Anders geht das nicht. Anders können Sie nicht nachhaltig ausatmen. Dieses Entspannen in der Bauchmitte löst aber wieder faszinierende biochemische Effekte in Ihrem Körper aus. Unter anderem werden eine Reihe von Substanzen ausgeschüttet, die der Erregung entgegenwirken und die den Stresspegel sinken lassen.

2. Dieses Ausatmen verschafft Ihnen Zeit und es hält Sie davon ab, Dinge zu tun, die Sie vielleicht später bereuen. Wahrscheinlich verschafft Ihnen das Ausatmen genau die 20 bis 30 Sekunden, die Sie sich vorhin gewünscht hätten, um Ihre ersten zwei Sätze anders zu wählen.

Habe ich eigentlich schon darauf hingewiesen, dass die offene Frage im Zweifel immer das Mittel der Wahl in der Kommunikation ist? Klar! Und so ist es auch hier. Stellen Sie eine offene Frage. Vielleicht: „Was genau meinen Sie damit?" Auf eine offene Frage muss Ihr Gegenüber reagieren. Und damit sind Sie wieder in der gestaltenden, aktiven Rolle. Sie wissen nicht, welche offene Frage Sie stellen sollen? Na, dann lesen Sie doch noch einmal das Kapitel mit den Rescue-Fragen.

Offene Frage

Ich weiß nicht, ob Sie so weit gehen wollen wie ich: Ich laufe nämlich mit einer Grundüberzeugung durch das Leben, die da heißt: „Der andere meint es nicht böse." Ganz ehrlich. Bei mir ist das so. Natürlich leben wir auf derselben Welt und ich bin mir bewusst, dass das Leben kein Ponyhof ist. Ich bin mir auch bewusst, dass es durchaus Menschen gibt, die es nicht gut mit mir meinen. Dennoch gehe ich mit dieser Grundüberzeugung durch die Welt. Warum? Erstens, weil ich davon überzeugt bin, dass es (meistens) so ist. Wenn ich zum Beispiel in einem Konfliktcoaching Menschen dabei geholfen habe, ihre Emotionen loszuwerden, wenn sich die Betroffenen also erst mal so richtig „ausgekotzt" haben, dann bleibt im Normalfall nur noch wenig Bosheit übrig. Unterschiedliche Interessen ja, aber nur selten wirklich böse Absicht.

„Der andere meint es nicht böse"

Aber auch bei denen, die offensichtlich wirklich nur auf ihren Vorteil aus sind oder die mutmaßlich schlecht sind, habe ich diese Grundeinstellung. Ich will damit nicht sagen, dass das nette Menschen sind. Aber die Grundeinstellung, der andere meine es nicht böse, ist die einzige Chance, die ich sehe, um nicht ins Kriegspielen zu verfallen. Und Kriege werden nicht ohne Verluste geführt – auch nicht auf Seiten des Gewinners!

„Der meint das nicht so, der kann es nur nicht besser" Wenn Ihnen die Formulierung „Der andere meint es nicht böse" jetzt immer noch zu heftig ist, wenn Sie dabei immer noch Bauchkrämpfe bekommen, dann habe ich noch einen Joker für Sie. Was halten Sie von „Der meint das nicht so, der kann es nur nicht besser"?

Unter http://kommunikation.peterbrandl.com können Sie sich diesen Spruch übrigens als Postkartenmotiv oder als Schreibtischhintergrund für Ihren Computer downloaden. Ein bisschen regelmäßige Erinnerung soll ja manchmal ganz gut sein. Trotz allem positiven Denken und trotz aller Okay-okay-Grundhaltung hat es Sie jetzt doch in einen Konflikt gerissen. Es gibt stark unterschiedliche Sichtweisen und die Emotionen fliegen Ihnen um die Ohren. Was nun?

Fünf Schritte der systematischen Deeskalation

Ich habe gemeinsam mit meinen Seminarteilnehmern eine einfache, aber wirkungsvolle Methode entwickelt, mit der Sie Konflikte in fünf Schritten systematisch deeskalieren können. Manchmal können Sie nicht alle Schritte in einem Gespräch durcharbeiten, es gibt Konflikte, die dafür einfach zu komplex oder zu emotional aufgeladen sind. Lassen Sie sich davon nicht entmutigen, das Gras wächst nicht schneller, wenn man dran zerrt. Nehmen Sie beim nächsten Treffen den Faden wieder da auf, wo Sie beim letzten Mal aufgehört haben. Aber ganz ehrlich: Bei den meisten Konflikten, die ich erlebt habe, kommen Sie mit diesem Konzept auch bei einem Gespräch schon ziemlich weit.

1. Schritt: Ausreden lassen

Da ist es wieder: super einfach, super wirkungsvoll und es wird so gut wie nie angewendet – lassen Sie Ihren Partner ausreden. Ausreden lassen ist eine hervorragende Möglichkeit, die Beziehungsbasis zu stärken. Im entsprechenden Abschnitt haben wir darüber schon ausführlich geredet. Ausreden lassen oder (manchmal) besser: „Auskotzen" lassen ist aber auch eine exzellente Möglichkeit, um Emotionen in den Griff zu bekommen. Sie kennen das mit Sicherheit von sich selbst: Manchmal muss es einfach raus: Wut, Enttäuschung, Zorn – Emotionen, die geschluckt wurden, vergiften die Beziehung. Also raus damit! Geben Sie Ihrem Gegenüber die Chance, indem Sie den Partner ausreden lassen.

Dass Sie damit ganz nebenbei auch noch einiges erfahren, vielleicht sogar den wahren Grund Ihres Konflikts, steht auf einem ganz anderen Blatt.

2. Schritt: Situation beschreiben

„Ich merke, dass wir uns streiten. Du bist sauer und ich bin sauer. Und ich hab das Gefühl, dass wir aneinander vorbeireden ...“ Beschreiben Sie die Situation so, wie Sie sie wahrnehmen. Beschreiben Sie Ihre Gefühle und Ihre Beobachtungen. Hüten Sie sich aber vor Manipulationsversuchen, also davor, Ihre Situationsbeschreibung so zu gestalten, dass Sie besser dabei wegkommen als Ihr Gegenüber. In dieser Phase können Sie nicht davon ausgehen, dass man Ihnen vertraut. Manipulationsversuche fallen also mit Sicherheit auf und fliegen Ihnen um die Ohren.

Dieser Schritt ist sehr wichtig und sehr wirksam und das hat eine einfache Ursache: Wenn Sie die Situation möglichst objektiv beschreiben, gibt es keinen Grund, Ihnen zu widersprechen, und es gibt kaum einen Grund, Sie zu unterbrechen. Der Konflikt verliert dadurch an Dynamik und Sie schaffen idealerweise erste Gemeinsamkeiten.

Beschreiben führt auf die Sachebene

3. Schritt: Gemeinsamkeiten finden

In den ersten beiden Schritten sollten Sie die Situation einigermaßen beruhigt haben. Sie sollten jetzt mindestens so etwas wie eine Waffenruhe haben. Jetzt brauchen Sie ein gemeinsames Fundament, etwas, von dem aus Sie weitergehen und eine Lösung ansteuern können. „Common Ground“ ist das englische Wort für Gemeinsamkeiten – ein gemeinsamer Boden.

In der Mathematik brauchen Sie einen kleinsten gemeinsamen Nenner, sonst können Sie nicht rechnen.

Gemeinsamkeiten gibt es immer Auch im Konfliktmanagement brauchen Sie so etwas. Hier ist es aber nicht der kleinste gemeinsame Nenner, der würde uns wahrscheinlich nur zu unangemessenen Kompromissen führen, hier brauchen wir Gemeinsamkeiten. Und die gibt es immer! Suchen Sie zum Beispiel nach gemeinsamen Zielen oder gemeinsamen Werten. Wenn Sie über ein Projekt in Konflikt geraten sind, reden Sie über das, was Sie schon erreicht haben, oder über die Punkte, in denen Sie übereinstimmen, und klammern Sie die Streitpunkte vorerst aus.

4. Schritt: Alternativen sammeln, ohne zu bewerten

Jetzt geht es langsam darum, eine Lösung zu finden. Das wichtige Wort in diesem Satz lautet „langsam". Sammeln Sie Optionen. Fragen Sie nach Vorschlägen Ihres Partners, aber hüten Sie sich vor Bewertungen, die sind nämlich der Tod jeder Kreativität. In dieser Phase würden Bewertungen wahrscheinlich auch dieses zarte, sich gerade wieder entwickelnde Kommunikationspflänzchen niederbrettern. Also geben Sie sich eine Chance und verkneifen Sie sich alle Bewertungen.

Alternativen lösen Fixierungen Dieses Spiel mit den Alternativen hat aber noch einen anderen Vorteil: Alternativen lösen Fixierungen. Wenn Ihr Partner sich also auf einen bestimmten Punkt versteift und festgeritten hat, lassen Sie ihn doch einfach mal einen Schwung von alternativen Optionen hören. Meistens löst sich dann eine sture Haltung schnell auf. Sie haben das Gefühl, diese Empfehlungen hätten Sie in diesem Buch schon mal gelesen? Stimmt! Im Kapitel „Verhandlung". Der Mensch ist einfach. Und deshalb sind auch die Mechanismen, die in der Kommunikation wirklich wirken, immer wieder dieselben.

5. Schritt: Offene Frage / Eigenes Ziel

Als Letztes müssen wir die Perspektive konstruktiv und möglichst positiv ausrichten. Wie immer ist auch hier wieder die offene Frage das Mittel der Wahl. Wenn Sie unsicher sind, welche Frage geeignet sein könnte, lesen Sie doch noch einmal den Abschnitt zu den Rescue-Fragen. Wichtig ist aber auch hier: Sie müssen die Frage ernst meinen! Keine Ironie und keine Suggestivfragen. Sonst geht alles gleich wieder von vorn los. Stellen Sie eine ehrlich gemeinte Frage und geben Sie Ihrem Partner die Chance zu antworten.

In manchen Situationen bietet sich als Alternative zur offenen Frage auch ein Statement an: Nennen und erklären Sie Ihr eigenes Ziel. Sagen Sie, was Sie wollen und warum Ihnen das wichtig ist. Seien Sie aber auch hier ehrlich und verkneifen Sie sich Manipulationsversuche.

Die Basis einer echten Konfliktdeeskalation ist Vertrauen. Und Vertrauen baut man nicht mit Manipulationsversuchen und halbseidenen Tricks auf. Achten Sie deshalb während das gesamten Prozesses darauf, alle Formen von Angriffen zu vermeiden. Keine Schuldzuschreibungen und kein Aufrechnen. Viel wichtiger sind positive Beziehungssignale. Wir wissen ja inzwischen, dass Konflikte nicht auf der Sachebene, sondern immer auf der Beziehungsebene ausgetragen werden.

Vertrauen ist die Basis

Fünf Schritte der systematischen Konfliktdeeskalation

Keine Angriffe

1. Ausreden lassen
2. Situation beschreiben
3. Gemeinsamkeiten finden
4. Alternativen sammeln, ohne zu bewerten
5. Offene Fragen

Positive Beziehungssignale

Deeskalationsschritte im Überblick

Schuld ist übrigens immer der andere! Tja, die Schuldfrage. Wie häufig geht es in einem Konflikt nur darum, wer schuld ist oder wer angefangen hat. Allzu häufig ziehen wir uns auf starre Positionen zurück und verkünden, dass es jetzt am anderen sei, auf uns zuzugehen. Schließlich hat der den Konflikt provoziert.

Ist Ihnen schon aufgefallen, dass wir unser Verhalten immer als Reaktion erleben? „Ich habe ja nur geschrien, weil du mir nie zuhörst!" „Dir kann man ja auch nicht zuhören, weil du alles immer fünfmal erzählst!" „Man muss dir ja auch alles fünfmal erzählen, weil …" Wir könnten diese Diskussion ewig fortsetzen. Fakt ist: Wir erleben unser Verhalten immer als Reaktion. Wir tun etwas, nur weil der andere … Haben Sie jemals erlebt, dass jemand zu Ihnen sagt: „Stimmt, ich habe mit dem Streit angefangen." Nein, oder? Und wenn, dann sicher mit dem Nachsatz: „Aber doch nur, weil du mich so weit getrieben hast."

Wenn wir unser Verhalten aber immer als Reaktion auf das Verhalten unseres Partners erleben, dann ist die Schuldfrage geklärt: Schuld ist der andere. Immer! Die gute Nachricht: Der sieht das genauso. Und schon haben Sie die erste Gemeinsamkeit. Aber im Ernst: Wir gehen emotional sowieso davon aus, dass der andere die Schuld trägt. Nachdem das bei beiden so ist, brauchen wir uns über die Schuldfrage keine Gedanken mehr zu machen. Hören Sie auf, darüber nachzudenken, wer schuld oder verantwortlich ist. Juristen müssen die Schuldfrage klären. In der Konfliktpsychologie können wir uns um die Lösung kümmern. Und die liegt immer in der Zukunft. Schuldfragen verkleben mit der Vergangenheit und sind bei der Lösungsfindung eher kontraproduktiv.

Was ist Ihr Anteil? Ja, die Schuldfrage ist geklärt. Das sollte uns aber nicht davon abhalten, nach den Ursachen für den Konflikt zu suchen. Wie konnte es dazu kommen, und vor allem, was haben Sie dazu beigetragen? Es gibt Fälle, in denen ein unbescholtener Bürger auf der Straße angegriffen wird. Aber ich denke, wir sind uns einig, dass das nicht die Art von Konflikten ist, über die wir hier reden. Von solchen Fällen abgesehen, fällt mir tatsächlich kein Konflikt ein, zu dem nicht alle Beteiligten irgendetwas beigetragen haben. Es gibt keinen Konflikt, an dem nur einer beteiligt ist (abgesehen von inneren Konflikten, in denen mehrere Seelen in unserer Brust miteinander ringen). Überlegen Sie also, was Ihr Anteil an dem Konflikt ist. Was haben Sie dazu beigetragen? Wo haben Sie Öl ins Feuer gegossen? Diesen eigenen Anteil einzugestehen könnte ein sinnvoller Schritt zur Deeskalation sein.

Wenn Sie das alles, was wir bis jetzt besprochen haben, in einem Gespräch umsetzen wollen, bietet sich wieder eine einfache, aber wirkungsvolle Strategie als Leitfaden an. So ein Leitfaden im Umgang mit Konflikten oder aufgebrachten Gesprächspartnern ist die HAIFA-Methode:

Die HAIFA-Methode

H	Halt! Unterbrechen Sie Ihr spontanes Reaktionsmuster. Halten Sie kurz inne und überlegen Sie, welches Verhalten für Sie in dieser Situation das effektivste sein könnte.
A	Anerkennung! Signalisieren Sie dem Partner, dass Sie ihn und sein Problem ernst nehmen. Spielen Sie nichts herunter, bagatellisieren Sie nichts und wimmeln Sie vor allem nicht ab.
I	Interesse! Signalisieren Sie Ihrem Partner, dass Sie sich für ihn, sein Problem und für die Lösung seines Problems interessieren. Hören Sie vor allem zu!
F	Fragen! Fragen Sie nach. Ermutigen Sie den Partner mittels offener Fragen, Ihnen ein möglichst genaues Bild der Situation zu vermitteln.
A	Aktion! Vereinbaren Sie mit dem Partner konkrete erste Schritte. Häufig kann ein Problem nicht sofort befriedigend gelöst werden. Für das subjektive Erleben ist es jedoch besonders wichtig, dass sich „überhaupt etwas tut". Diese Schritte sollten möglichst konkret und natürlich auch terminiert sein.

Teile der anderen Meinung akzeptieren – kommt Ihnen das bekannt vor? Richtig, das war eine der Möglichkeiten, die Beziehungsbasis positiv zu beeinflussen. An dieser Stelle möchte ich Sie nochmals auf diese Technik hinweisen. Wir müssen unseren Konflikt wieder in Bewegung bringen. Irgendwie müssen wir aus diesen starren, verkrusteten Positionen herauskommen. Und eine sehr gute Möglichkeit dafür ist es, Teile der Position des anderen anzuerkennen. Es gibt immer Anteile einer Position oder Meinung, die Sie akzeptieren können. Vielleicht sind das auch nur die Ziele oder Motive. Je mehr Sie finden, das Sie anerkennen oder akzeptieren können, umso weniger gibt es, das Sie trennt. Gleichzeitig schaffen Sie damit Gemeinsamkeiten und die sind dann wieder das Fundament für die Lösung.

Warnsignale im Gespräch

Nicht jedes Gespräch verläuft konstruktiv, auch nicht jedes Konfliktgespräch. Leider bemerken wir oft erst relativ spät, dass wir in eine Sackgasse oder in einen neuen Konflikt gesteuert sind. Je später man bemerkt, dass die Kommunikation misslingt, umso schwieriger ist es natürlich, gegenzusteuern. Im Folgenden finden Sie eine Reihe von Warnsignalen, die Ihnen Hinweise darauf geben, dass das „kommunikative Eis" dünner wird oder die Kommunikation misslingt:

▪ *Trotz, Ablehnung, Widerstand*
Jetzt erst recht! Der Gesprächspartner lehnt alles ab. Er ist grundsätzlich dagegen, widerspricht ständig. Diese Form des Widerstands kann sich sowohl gegen die Sache als auch gegen den Gesprächspartner richten.

▪ *Aggression, Vergeltungsmaßnahmen*
Der Ton des Gesprächs wird schärfer. Es fallen „spitze Bemerkungen". Die Argumente und Methoden werden zunehmend irrationaler. Man befindet sich im „Krieg".

- ▓ Fixierung
  Die Partner werden zunehmend sturer. Man versteift sich in Rechthaberei oder betreibt einen pedantischen Formalismus.

- ▓ *Ausweichen, Verleugnen der Realität*
  Die Gesprächspartner gehen sich aus dem Weg. Notwendige Entscheidungen werden nicht getroffen. Das Thema wird „totgeschwiegen". Die Beteiligten stellen sich keiner Kritik. Anforderungen werden ignoriert.

- ▓ *Selbstbeschuldigungen*
  Der Gesprächspartner wird zunehmend unsicherer. Es entsteht Angst, die häufig mit einer Art Verkrampfung verbunden ist. Der Partner nimmt alle (auch irrationale) Schuld auf sich.

- ▓ *Verschiebung und Projektion*
  Fehler werden anderen in die Schuhe geschoben. Man reagiert überempfindlich. An anderen stört uns am meisten, was wir selbst an uns nicht wahrhaben wollen.

- ▓ *Resignation, Desinteresse*
  Die Beteiligten flüchten sich in die innere Kündigung. Sie geben auf, fühlen sich machtlos und resignieren.

- ▓ *Überkonformität, Anpassung*
  Es entwickelt sich eine übertriebene Anpassung – ein Ja-Sagertum. Eigene Ideen und Vorschläge werden so gut wie nicht eingebracht.

Alle diese Signale sind Zeichen einer negativ ausgeprägten Beziehungsebene. Da Sie in einem Konflikt nicht unbedingt von einer tiefen, soliden Beziehungsbasis ausgehen können, sollten Sie solche Signale nicht überraschen. Wenn Sie eines oder mehrere dieser Zeichen wahrnehmen, so hilft es nicht, wenn Sie sachlich zu argumentieren versuchen. Konflikte finden nicht auf der Sachebene, sondern auf der Beziehungsebene statt. Also kümmern Sie sich um den anderen und investieren Sie in die Beziehungsbasis. Anregungen dazu finden Sie im Kapitel zum Beziehungsmanagement (Säule II).

Zusammenfassung Säule V

- Konflikte finden immer auf der Beziehungsebene statt. Konfliktmanagement ist also Beziehungsmanagement.
- Ein Konflikt ohne Emotionen ist nichts anderes als eine Meinungsverschiedenheit. Konfliktmanagement ist also Emotionsmanagement.
- Konflikte basieren sehr oft auf Missverständnissen. Werden diese nicht geklärt, eskaliert der Konflikt über mehrere Stufen. Sprechen Sie die Dinge also sobald wie möglich an. Niemand reißt sich um so ein Gespräch. Doch je früher Sie die Dinge ansprechen, umso leichter lassen sich Missverständnisse ausräumen und Konflikte deeskalieren.
- Weder Sie noch der andere können Gedanken lesen. Gehen Sie also nie davon aus, dass Ihr Partner wüsste oder wissen müsste, was Sie denken.
- Schuld ist immer der andere. Haken Sie die Schuldfrage also ab und kümmern Sie sich lieber um die Lösung. Und die liegt immer in der Zukunft.

Säule VI

Strategie und Taktik

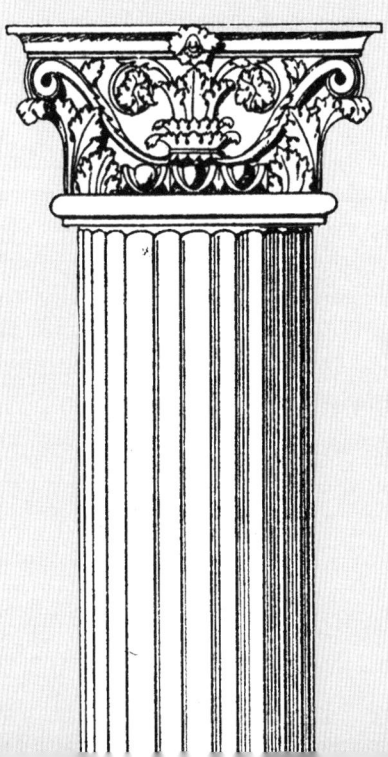

Carl von Clausewitz sagte einmal: „*Die Planbarkeit eines Krieges endet mit dem ersten Schuss.*" Für uns bedeutet das, dass es absolut sinnvoll ist, eine Gesprächsstrategie zu haben. Nur so ist es möglich, zielgerichtete Entscheidungen zu treffen, um am Ende da anzukommen, wohin man will. Auf der anderen Seite braucht es aber auch Instrumente, mit denen das operative Geschehen im Gespräch beeinflusst und gesteuert werden kann. Auch zu diesem Thema möchte ich Ihnen zumindest einen kurzen Überblick geben.

Ansatzebenen für den Einsatz von Taktik

In Verhandlungen, aber auch in jeder anderen Form zwischenmenschlicher Kommunikation können Taktiken an drei verschiedenen Ebenen ansetzen:

- Inhalt
- Person
- Prozess

Inhaltsebene

Taktiken, die sich auf den Inhalt beziehen, sind zum Beispiel die klassische Gegenargumentation oder das Gewichten oder Entkräften von Fakten. Um auf der Inhaltsebene agieren zu können, braucht es ein fundiertes Fach- und Faktenwissen. In den meisten Situationen ist dies bei zumindest einem Gesprächspartner weniger stark ausgeprägt. Wenn Sie von Ihrem Konzept oder Ihrem Produkt überzeugen wollen, verfügen Sie sicher über mehr Faktenwissen als Ihr Partner.

Personenebene

Kein Mensch ist unfehlbar. Jeder von uns hat Schwachstellen. Taktische Möglichkeiten, die hier ansetzen, sind beispielsweise „unter Druck setzen", „beleidigen", aber auch „schmeicheln" und „hochloben".

Prozessebene

Sicher haben Sie sich eine Struktur, eine grobe Agenda für Ihr Gespräch, für Ihre Verhandlung zurechtgelegt. Taktiken, die auf den Prozess abzielen, versuchen genau diese Struktur zu durchbrechen. Typische Vertreter dieser Gruppe sind etwa „Agendamanipulation", die „Salamitaktik" oder auch das „Aussitzen".

Bei allen Gedanken, die Sie sich über die Taktik in Gesprächen und Verhandlungen machen, muss eines immer klar sein: Sie werden da angegriffen, wo es wehtut. Wenn Sie also der Fachmann auf Ihrem Gebiet sind, dürfen Sie nicht erwarten, dass Ihr Partner versucht, sich hier mit Ihnen zu messen. Er wird vielmehr versuchen, Ihnen auf der persönlichen Ebene oder auf der Prozessebene zuzusetzen.

Der Angriff erfolgt, wo es wehtut

Unfaire rhetorische Tricks

Es ist mehr als menschlich, dass Verhandlungsparteien alles einsetzen, wovon sie sich eine Verbesserung ihrer Situation erwarten. Natürlich werden auch die verschiedensten rhetorischen Mittel ausprobiert. Wie immer zielen diese Mittel weniger auf die Sachebene als auf die Person des Gegenübers oder auf den Verhandlungsprozess. Hier kommen einige der häufigsten Mittel:

- Unfaire rhetorische Mittel
- Durch Wissen imponieren
- Durch Status/Prestigesymbole imponieren

- Meinungen als Tatsachen ausgeben
- Auf (vermeintliche) Autoritäten berufen
- Andeuten
- Versteckte Ablehnung (Ja, aber …)
- Zustimmungsabhängige Belohnung/Drohung
- Eigene Person an das Argument hängen
- Kritiker verunsichern/diskreditieren

So wirkungsvoll viele dieser Methoden auch sind, sie sind ebenso einfach zu entkräften. Wichtig ist immer, dass Sie diese rhetorischen Mittel nicht als Angriffe oder Einladungen zum Kriegspielen annehmen. Machen Sie sich vielmehr die Wirkweise dieser Tricks bewusst. Sobald Sie nämlich eine dieser Techniken und Muster erkennen, können Sie sie thematisieren: „Wollen Sie mir jetzt drohen?"

Die meisten rhetorischen Tricks haben Vampircharakter. In dem Moment, in dem sie ans Licht kommen, lösen sie sich auf!

Mit Einwänden und Gegenargumenten umgehen

Den Blickwinkel ändern Selbst bei absolut perfekter Argumentation müssen wir natürlich davon ausgehen, dass unser Gegenüber das eine oder andere Gegenargument vorbringen wird. Wichtig ist vor allem, dass Sie Gegenargumente nie als Angriff oder Bedrohung wahrnehmen (vgl. Kapitel „Konfliktmanagement"). Versuchen Sie vielmehr, in jedem Gegenargument eine Frage oder eine Unklarheit zu sehen. Allein diese Veränderung Ihres Blickwinkels führt schon zu einem konstruktiveren und damit effektiveren Agieren im Gespräch.

Grundsätzlich haben Sie verschiedene Möglichkeiten, mit Einwänden und Gegenargumenten umzugehen:

- Vorwegnahme von Einwänden: „Mir ist klar: Das Ganze wird nicht billig werden. Nur wenn Sie bedenken ...“
- Klärung oder Relativierung des Einwands durch Rückfrage: „Ich finde das nicht so gut.“ „Was genau stört Sie?“
- Einwand gewichten: „Das ist aber teuer.“ „Sicherlich, dafür ist das Gerät sehr langlebig.“
- Plus-Minus-Liste erstellen: „Zugegeben, ein Nachteil, aber dafür drei Vorteile.“
- Umkehrung des Einwands: „Sie sind noch recht jung für diesen Job.“ „Gerade deshalb kann ich mich gut in ein neues Team einpassen.“
- Konsequenzen des Einwands reflektieren: „Alles viel zu teuer!“ „Dann produzieren wir in Zukunft mangelhafte Billigware.“

Win-win-Lösungen oder: das Harvard-Konzept

Ich weiß nicht, wie es Ihnen geht, aber ich kann den Begriff „Win-win“ oder „Gewinner-Gewinner-Prinzip“ nicht mehr hören. Der Grund dafür ist, dass die meisten Menschen, die von Win-win reden, ein Ergebnis anstreben, das so aussieht wie das Win-win zwischen Henne und Schwein. Kennen Sie die Geschichte?

Ein Huhn und ein Schwein treffen sich. Sagt das Huhn zum Schwein: **Eine Parabel**
„Komm, lass uns fusionieren. Da können wir Synergien heben und das wird für alle ein Win-win-Geschäft.“ Antwortet das Schwein: „Das klingt gut. Was sollen wir produzieren?“ Darauf das Huhn: „Ist doch klar. Eier mit Speck!“

Bei den meisten Win-win-Lösungen geht am Ende einer drauf.

Und trotzdem: Ich bin davon überzeugt, dass wir langfristig nur Erfolg haben können, wenn wir Lösungen finden, mit denen alle Beteiligten leben können. Mehr noch: die für alle Beteiligten gut sind. Aber wie können solche Lösungen aussehen?

In einer umfassenden Studie gingen Wissenschaftler der Harvard-Universität der Frage nach, welche Kriterien oder Verhaltensweisen es gibt, die das Ergebnis von Verhandlungen günstig, im Sinne von Win-win, beeinflussen. Sie untersuchten dazu eine Vielzahl von realen Verhandlungen aus allen Bereichen, von Militär und Politik über Wirtschaft und Handel bis hin zu privaten Verhandlungen, wie zum Beispiel Autokauf. Die Forscher teilten die Verhandlungssituationen in solche, bei denen die Beteiligten mit dem Ergebnis eher zufrieden waren, und in solche, bei denen die Beteiligten mit dem Ergebnis eher unzufrieden waren. Jetzt untersuchte man, ob es Verhaltensweisen gibt, die typisch für erfolgreiche Verhandlungen sind, oder aber solche, die das Scheitern von Verhandlungen provozieren. Schlussendlich wurden vier Kriterien beschrieben, die für effektive Verhandlungen charakteristisch sind:

Menschen und Probleme müssen voneinander getrennt werden.

Nicht Positionen, sondern Interessen müssen im Mittelpunkt der Verhandlung stehen.

Es müssen Alternativen gefunden werden, die allen Beteiligten nutzen.

Alle Beteiligten müssen sich auf möglichst objektive Kriterien einigen, an denen das Verhandlungsergebnis gemessen werden kann.

Menschen und Probleme voneinander trennen

Keine Projektionen! Gerade bei schwierigen Gesprächen neigen wir dazu, Probleme in der Sache auf den jeweiligen Menschen zu projizieren. Diese Konfliktverlagerung ist zwar verständlich, erschwert aber die Verhandlungsführung oder macht sie sogar unmöglich.

Konzentrieren Sie sich darauf, auch in schwierigen Gesprächs-situationen eine positive Beziehungsebene zu Ihrem Verhand-lungspartner aufrechtzuerhalten. Gegebenenfalls ist es sinnvoll, die Verhandlung zu unterbrechen und so den Parteien Gelegen-heit zu geben, Emotionen abkühlen zu lassen und Mensch und Inhalt wieder voneinander zu trennen.

Mögliche Schritte:
- Sich in die Lage des anderen versetzen
- Schuldzuweisungen vermeiden
- Kriegsspiele vermeiden
- Darauf achten, dass alle ihr Gesicht wahren können
- Emotionen anerkennen und gegebenenfalls thematisieren
- Gelegenheit zum Frustabbau zulassen
- Zuhören, zuhören, zuhören
- Positive Beziehungsbotschaften

Nicht Positionen, sondern Interessen in den Mittelpunkt stellen

Viele Verhandlungen gleichen eher dem Feilschen auf dem Jahr-markt. Es wird um Positionen gestritten, zum Beispiel um 5 oder 5,7 Prozent Rabatt. Häufig genug stehen aber hinter die-sen Positionen bestimmte Interessen. Ein neuer Einkäufer will sich einen Namen machen. Man will auf keinen Fall teurer ein-kaufen als der Wettbewerber usw.

Sie merken, dass die Positionen häufig nur Vorwände oder Symptome für die dahinterliegenden Interessen sind. Bei je-dem schwierigen Gespräch ist es wichtig, die tatsächlichen Einwände und Vorbehalte des anderen zu kennen. Je mehr Sie die tatsächlichen Interessen Ihres Verhandlungspartners ken-nen, umso mehr können Sie über die wirklichen Themen ver-handeln und umso weniger müssen Sie sich auf Feilschduelle einlassen.

Positionen sind oft Vorwände

Mögliche Schritte:

- Zuhören, zuhören, zuhören
- Interessen und Motive erfragen
- Weiter fragen
- Verschiedenheit der Interessen thematisieren
- Lösungen suchen, anstatt in der Vergangenheit zu wühlen
- Eigene Interessen bewusst machen und auch kommunizieren

Alternativen, die allen Beteiligten nutzen

Eine alte chinesische Weisheit sagt: *„Wenn du merkst, dass du mit dem, was du tust, keinen Erfolg hast, probiere etwas anderes."* In vielen Verhandlungen wird nur über ein oder zwei Optionen diskutiert. Es geht darum, welche Seite ihre Lösung „durchkriegt". Bei dieser Form des Gesprächs werden die Beteiligten blind für Alternativen und andere Möglichkeiten.

Ein besonderes Beispiel für diese Fixierungen sind immer wieder Preis- oder Gehaltsverhandlungen. Sobald Geld ins Spiel kommt, scheinen viele Menschen sämtliche Kreativität zu vergessen. Aber dieses Feilschen um den scheinbar günstigsten Preis hat schon oft sehr viel Geld gekostet.

Gibt es einen besseren Weg? Hinterfragen Sie immer wieder Ihre Aktionen. Gibt es nicht doch noch einen besseren Weg? Stellen Sie immer wieder alles infrage. Gerade in festgefahrenen Verhandlungssituationen ist die Suche nach anderen, neuen Möglichkeiten häufig die einzig sinnvolle Option. Beachten Sie aber auch hier die Grundbedingung von Kreativität: Trennen Sie Sammeln von Bewerten!

Mögliche Schritte:

- Bewusste Sammelphasen (Brainstorming) einbauen
- Während des Sammelns auf Bewertungen verzichten
- Verschiedene Expertenstandpunkte einnehmen/einholen
- Sich nicht selbst einengen, indem der Rahmen für Lösungen zu eng gesteckt wird

Objektive Kriterien, an denen das Verhandlungs-ergebnis gemessen werden kann

Wenn etwa ein Mietvertrag Standardbedingungen enthält oder ein Kaufvertrag mit der allgemeinen industriellen Praxis über-einstimmt, ist das Risiko geringer, dass einer der Beteilig-ten sich ungerecht behandelt fühlt und daher im Nachhinein das Ergebnis revidieren möchte. Einigen Sie sich also am bes-ten gleich zu Beginn auf Standards, an denen Sie sich messen lassen.

Mögliche Schritte:
- Nach möglichen Kriterien suchen, zum Beispiel
  – Sachverständige
  – Vergleichsfälle
  – Wissenschaftliche Gutachten
- Nach Vorteilen für beide Seiten suchen
- Gemeinsame Interessen herausfinden

Das Harvard-Konzept ist hier natürlich nur kurz angeschnitten, um Ihnen einen ersten Eindruck und Überblick zu geben. Mehr Informationen, Beispiele und Checklisten finden Sie wie immer unter http://kommunikation.peterbrandl.com.

Feedback-Techniken

Weiter vorn haben Sie bereits das Zitat von Paul Watzlawick ge-lesen:

„Man kann nicht nicht kommunizieren in einer sozialen Situation."

Stellen Sie sich einen leeren Raum vor. In diesen Raum stellen wir zwei Menschen. Einen in die rechte Ecke, den anderen in die linke. Ist es diesen beiden Menschen möglich, nicht mitei-nander zu kommunizieren? Nein, natürlich nicht! Die kommu-nizieren zwangsläufig miteinander. Die beiden müssen nicht miteinander reden. Spätestens wenn wir verschiedene Sprachen sprechen, geht das gar nicht. Aber wir werden zwangsläufig kommunizieren.

Wenn wir aber Kommunikation gar nicht vermeiden können, was ist dann mit dem, was wir eigentlich nicht sagen wollen? Wenn wir uns zum Beispiel über unseren Partner ärgern, uns das aber nicht anmerken lassen wollen! Paul Watzlawick sagt: Wir kommunizieren zwangsläufig! Wenn es also etwas gibt, was Sie belastet, bewegt oder bedrückt, dann werden Sie das auch kommunizieren, ob Sie wollen oder nicht. Die Frage ist nur, wie missverständlich Sie sind.

Wenn Sie jetzt noch an die Geschichte vom Anfang des Buches denken, ja genau: die vier Sätze und die Aussagen dazu, wenn Sie daran denken, wie leicht wir uns schon missverstehen, wenn wir verbal kommunizieren: Was soll dann dabei herauskommen, wenn wir nonverbal kommunizieren, also auf Worte verzichten? Und damit sind wir beim Feedback.

Kritik ist immer unangenehm – auch das Kritiküben
Wir können Kommunikation nicht vermeiden. Es hat also keinen Sinn zu denken: Das sag ich dem lieber nicht. Stattdessen sollten wir einen Weg finden, wie wir auch kritische Rückmeldungen geben können. Doch wie ist das mit dem Feedback? Mögen Sie Kritik? Sie und ich, wir wissen, Feedback, auch kritisches, ist notwendig, damit wir uns weiterentwickeln können. Aber mögen wir es? Würden wir es dazubuchen? Die meisten Menschen antworten hier mit „Nein". Kritik ist wichtig. Kritik kann hilfreich und nützlich sein, aber kritisiert zu werden ist unangenehm. Und kritisieren? Auch hier gilt: Das Kritiküben empfinden die meisten Menschen als schwierig und unangenehm.

Gut. Wenn kritisches Feedback also schwierig und unangenehm ist, dann brauchen wir Regeln oder Methoden, die uns helfen, erfolgreich zu sein. Und solche Regeln gibt es. Bestimmt haben Sie sich schon mal mit Feedback-Regeln auseinandergesetzt oder zumindest davon gehört. Ich habe die wichtigsten dieser Regeln für effektives Feedback für Sie zusammengefasst. Fangen wir mit den Regeln für den Feedback-Nehmer, also denjenigen, der kritisiert wird, an:

Regeln für den Feedback-Nehmer

Hören Sie zu!
Hören Sie zu! Oder noch deutlicher: Hören Sie zu und halten Sie die Klappe! Ich weiß, dass es manchmal schwerfällt, aber versuchen Sie die Kritik als ein Angebot zu sehen. Denken Sie daran, dass es dem anderen wahrscheinlich auch nicht leichtfällt, Sie zu kritisieren. Doch selbst wenn: Hören Sie zu und versuchen Sie zu verstehen.

Rechtfertigen Sie sich nicht!
Rechtfertigen heißt ja nicht, recht haben! Natürlich werden Sie manche Dinge anders sehen als derjenige, der Ihnen Feedback gibt. Natürlich werden Sie manches anders bewerten oder sich auch ungerecht behandelt fühlen. Dennoch: Rechtfertigen Sie sich nicht!

Was würde denn passieren, wenn Sie es tun? Stellen Sie sich vor, Sie bekämen von mir einen ungerechtfertigten Anpfiff und jetzt rechtfertigen Sie sich. Was wird passieren? Der Anpfiff ist ja nur aus Ihrer Sicht ungerechtfertigt. Ich bin durchaus von seiner Berechtigung überzeugt. (Erinnern Sie sich an den Abschnitt „Schuld ist immer der andere"?) Also, ich pfeife Sie zusammen und Sie rechtfertigen sich. Was wird passieren? Ich rechtfertige meinen Anpfiff. Worauf Sie Ihre Rechtfertigung rechtfertigen werden. Das lasse ich natürlich nicht auf mir sitzen und rechtfertige die Rechtfertigung meines Anpfiffs. Und Sie? Sie rechtfertigen die Rechtfertigung Ihrer Rechtfertigung. Und so weiter ...

Die Rechtfertigungsschleife

Alles in allem eskalieren wir uns systematisch nach oben, bis der Konflikt richtig entbrannt ist. Ist das sinnvoll? Hören Sie stattdessen zu! Fragen Sie nach! Klären Sie Dinge, die Sie nicht verstehen, aber verkneifen Sie sich Ihren Rechtfertigungsimpuls.

Wählen Sie später, welche Teile des Feedbacks Sie annehmen wollen!

Jedes Feedback ist immer auch eine persönliche Meinung. Und Meinung heißt deshalb Meinung, weil es meins ist. Sonst würde es Deinung oder Unserung heißen.[1] Konkret heißt das, dass in jeder Rückmeldung auch ganz subjektive Anteile stecken werden, die vielleicht überhaupt nichts mit Ihnen zu tun haben. Warten Sie also, bis Sie ein bisschen Abstand und die Emotiönchen sich einigermaßen beruhigt haben. Und entscheiden Sie dann, wie Sie mit der Kritik umgehen und welchen Teil des Feedbacks Sie annehmen wollen.

Regeln für den Feedback-Geber

Geben Sie Feedback möglichst konkret!

Leichter gesagt als getan – möglichst konkret. Haben Sie schon mal Sätze gehört wie „Der ist arrogant" oder „Du nimmst mich nicht ernst"? Das sind doch absolut konkrete Aussagen, oder? Jetzt weiß der andere genau, was Sie stört, nämlich seine Arroganz. Und vor allem weiß er jetzt genau, was er anders machen soll, nämlich Sie ernst nehmen. Aber wie geht das? Manchmal haben wir so ein ungenaues Gefühl, uns nervt oder stört etwas. Wir können aber nicht genau sagen, was das ist. Es ist diffus.

Was soll der andere tun? Ich glaube, jeder kennt das und verständlich ist es auch, aber: Bringt es was? Damit Feedback etwas bewirken kann, muss der andere auch wissen, was genau wir meinen, was der Inhalt der Rückmeldung ist und vor allem, was er anders machen soll. Um gutes und effektives Feedback geben zu können, ist es daher manchmal wichtig, erst einmal unsere Beobachtungsfähigkeit

---

[1] Ich glaube, der Satz stammt von Vera Birkenbihl.

zu trainieren. Was genau ist das konkret beobachtbare Verhalten, das Sie rückmelden wollen?

Sprechen Sie in der Ich-Form!

Feedback ist immer eine Meinung. Machen Sie Ihr Feedback also auch als Meinung deutlich. Sprechen Sie in der Ich-Form, mehr noch: Benutzen Sie Ich-Botschaften. „Ich finde ...", Ich wünsche mir ...", „Bei mir löst das ... aus".

Zugegeben: Ich-Botschaften wirken etwas sozialpädagogisch, funktionieren aber. Sagen Sie etwas darüber, wie es Ihnen geht und was das Verhalten des anderen in Ihnen auslöst. Über sich weiß er schließlich Bescheid.

Ich-Botschaften senden

Trennen Sie Fakten von Meinungen und Gefühlen!

Ich höre immer wieder Ratschläge wie „Bleib sachlich" oder „Nur nicht persönlich werden". Auf den ersten Blick klingt das sehr vernünftig. Aber was, wenn Sie wirklich wütend sind, wenn es um etwas geht, was Sie emotional völlig aufwühlt? Und der Grund für Ihr Aufgewühltsein ist der andere. Emotionen sind Realität. Die sind da oder sie sind nicht da. Emotionen sind nicht verhandelbar. („Da sind Sie jetzt aber mindestens 20 Prozent zu wütend!" Ergibt wenig Sinn, oder?)

Ihre Emotionen und auch Ihre Meinung, beides ist okay. Aber tun Sie bitte nicht so, als wäre ich für Ihre Emotionen verantwortlich. Trennen Sie Fakten von Meinungen und Gefühlen. „Du nimmst mich nicht ernst", das ist eine typische Aussage, die alles vermischt. Überlegen wir doch, woran genau wir festmachen, dass unser Partner uns nicht ernst nimmt. Vielleicht fällt Ihnen dann auf, dass Sie in der letzten Woche drei Mal zu ihm ins Büro gegangen sind und jedes Mal, wenn Sie gekommen sind, ist er aufgestanden und gegangen. Und das ärgert Sie tierisch. Jetzt können Sie Feedback geben: „Ich war letzte Woche drei Mal bei dir im Büro und jedes Mal bist du aufgestanden und gegangen (Fakten). Das ärgert mich tierisch (Emotionen), weil ich glaube, dass du das nur machst, weil du mich nicht ernst

Jeder ist für seine Emotionen verantwortlich

nimmst (Meinung)." Alles drei ist in Ordnung, aber jetzt ist es voneinander getrennt.

Wenn Sie so Feedback geben, hat der andere zwei Möglichkeiten. Entweder sagt er: „Stimmt! Und ich wäre dir dankbar, wenn du nächste Woche nicht schon wieder kommst." Denken Sie bitte daran, Feedback ist keine Bestellung und der andere entscheidet, ob er es annimmt. Oder er sagt: „Stimmt, du warst drei Mal da und jedes Mal bin ich gegangen. Das lag aber nicht daran, dass ich dich nicht ernst nehme, sondern daran, dass mich ein ganz fieser Magen-Darm-Virus erwischt hat. Und glaub mir: Es hätte dir nicht gefallen, wenn ich geblieben wäre."

Drängen Sie Feedback nicht auf!
Sozialpädagogisch heißt das: Geben Sie Feedback nur, wenn der andere es hören kann. Bestimmt haben Sie das schon erlebt: Sie bekommen sehr konstruktives Feedback. Ihr Gegenüber spiegelt Ihnen die verschiedensten Dinge und Sie nehmen das auch dankbar auf. Aber irgendwann kommt der Punkt, an dem es reicht. Sie merken regelrecht, dass Sie jetzt innerlich zumachen. Diesen Punkt muss ich als Feedback-Geber mitbekommen und dann auch aufhören, selbst wenn ich noch nicht alles gesagt habe, was auf meiner Liste steht. Denn wenn ich jetzt weitermache, laufe ich Gefahr, alles, auch den ersten Teil, kaputt zu machen.

Homöopathisch dosieren Übrigens, falls Sie jetzt denken, „da brauch ich bei manchen Menschen gar nicht erst anzufangen, die vertragen nämlich gar keine Kritik" – jeder Mensch verträgt Kritik. Aber manche halt nur in homöopathischen Dosen. Manche verschlucken sich an Kritik sehr schnell und bekommen einen Würgereiz. Die Antwort: Wir machen die Häppchen kleiner. Homöopathische Dosierungen, dafür aber öfter.

Der zweite Aspekt, der auf diesen Punkt einzahlt, ist, dass wir ab einem bestimmten Erregungsgrad für Feedback völlig unempfänglich sind. Wenn das Stammhirn sich einschaltet, geht es nur noch um Angreifen, Abhauen oder Tot-Stellen. Feedback hat da absolut keine Chance mehr. Dummerweise sind das die Momente, in denen wir gern Feedback geben: „Und was ich dir schon immer mal sagen wollte ...“

Denken Sie auch an positives Feedback!

Nix gesagt ist schon gelobt genug! In vielen Unternehmen scheint das offensichtlich Politik zu sein. Und das ist natürlich Blödsinn. Feedback ist nicht nur negativ, sondern natürlich auch positiv. Und deshalb geben Sie auch positives Feedback. Aber: Sülzen Sie Ihre Kritik nicht ein! Ich lese immer wieder, dass man Kritik nach der Sandwich-Methode anbringen solle: erst etwas Positives, dann die Kritik und dann wieder mit etwas Positivem schließen. Für ein allgemeines Beurteilungsgespräch mag das ja gelten, aber wenn Sie wirklich sauer sind? Wir haben es doch nicht mit Idioten zu tun. Die wissen doch, dass es jetzt einen Anpfiff gibt, oder? Wie würde es Ihnen gehen? Sie erwarten, dass Sie gleich richtig zusammengefaltet werden, weil Sie etwas verbockt haben. Und Ihr Chef beginnt mit „Also, was ich an Ihrer Arbeit wirklich schätze ...“ Also, ich würde in Deckung gehen, denn: Dass es so dick kommt – damit habe ich nicht gerechnet.

Der einzige Grund, warum wir so gern mit etwas Positivem aufhören, ist doch unser eigenes schlechtes Gewissen und unser Harmoniestreben. Niemand hindert Sie, eine Stunde später oder am nächsten Tag Ihr Gegenüber wieder aufzubauen. Aber wenn Sie wirklich eine Verhaltensänderung wollen, dann stehen Sie auch zu Ihrer Kritik und sülzen nicht alles ein.

Keine falsche Harmonie!

Verallgemeinern Sie nicht!

„Nie bist du pünktlich.“ „Immer muss ich alles von dir kontrollieren.“

Verallgemeinerungen stimmen sowieso nicht. Irgendwann wird unser Gegenüber schon mal pünktlich gewesen sein. Das Einzige, wozu Verallgemeinerungen führen, ist Widerstand. Der andere wird sich, und zwar zu Recht, wehren.

Übung: Feedback

Wählen Sie aus den Feedback-Regeln (für den Geber) Ihre beiden Favoriten. Was sind für Sie die beiden wichtigsten Regeln?
Schreiben Sie diese auf.

_____

Regel Nummer eins:

_____

Regel Nummer zwei:

_____

So, und jetzt ändern wir die Überschrift. Ist Ihnen aufgefallen, dass über den Zeilen für Ihre Regeln noch eine Leerzeile
war? Jetzt streichen wir das Wort Feedback-Regeln und schreiben
stattdessen: „Meine Regeln für jedes schwierige Gespräch".

Macht das Sinn? Die meisten Seminarteilnehmer antworten jetzt
mit „Ja", denn eigentlich ist es das, was diese Regeln bedeuten.
Eigentlich müssten diese Dinger „Gesprächsregeln" heißen.
Irgendjemand hat damit angefangen, sie Feedback-Regeln zu
nennen, und alle machen es nach.

Sie haben jetzt Ihre Gesprächsregeln. Und diese zwei Regeln
wären ein super Start, um das, was Sie in diesem Buch gelesen
haben, umzusetzen.

Fangen Sie mit diesen Regeln an und wenn Sie sie problemlos
einsetzen, dann suchen Sie sich zwei neue Aspekte, auf die Sie
sich konzentrieren.

- Zur Gesprächsvorbereitung ist es sinnvoll, sich sowohl über die Taktik als auch über die Strategie Gedanken zu machen.
- Taktiken gibt es auf der Ebene der Sache, der Person und des Prozesses. Wenn Sie angegriffen werden, dann da, wo es wehtut.
- Die meisten Taktiken haben Vampircharakter; wenn sie ans Licht kommen, lösen sie sich auf.
- Langfristig sind nur Lösungen sinnvoll, die allen Beteiligten nutzen. Das Harvard-Konzept hilft Ihnen dabei, solche Lösungen zu finden.
- Man kann nicht nicht kommunizieren, sagt Paul Watzlawick. Gedanken wie „Mit dem rede ich doch gar nicht" sind also völlig sinnlos.
- Feedback-Regeln helfen, schwierige Gespräche zu führen, und müssten deshalb eigentlich „Gesprächsregeln" heißen.

Vielleicht sind Sie von meinen regelmäßigen Hinweisen auf die Homepage genervt. Hilft aber nichts, hier ist wieder einer. Ich habe nämlich alle Feedback-Regeln für Sie als Postkartenmotiv oder Schreibtischhintergrund für Ihren Monitor dort hinterlegt. Sie finden dort außerdem Übungen, Trainingsvideos, Neuigkeiten und immer wieder neue Anregungen:
http://kommunikation.peterbrandl.com

Ich würde mich freuen, wenn Sie dort vorbeischauen.
Viel Spaß beim Üben!

Herzlich, Ihr
Peter Brandl

Aussage 1: Stimmt. Das ist gesagt worden.

Aussage 2: Weiß nicht. Woher wissen Sie, dass es sich um einen Räuber handelt?
Reingefallen? Ärgern Sie sich nicht. Etwa zwei Drittel aller Menschen, die diesen Test machen, geht es so.

Aussage 3: Richtig.

Aussage 4: Falsch. Die Geschichte sagt nicht, wer den Inhalt zusammengerafft hat. Allerdings ist der andere Mann und nicht der Ladenbesitzer weggerannt.

Aussage 5: Weiß nicht. Siehe Aussage 4.

Aussage 6: Weiß nicht. Die Geschichte sagt nichts darüber aus, was der Inhalt der Kasse war.

Literaturempfehlungen

Peter Brandl: Crash-Kommunikation. Offenbach: GABAL, 2010
Peter Brandl: Hudson River. Offenbach: GABAL, 2013
Peter Brandl: 30 Minuten Verhandeln. Offenbach: GABAL, 2012
Steven Covey: Die 7 Wege zur Effektivität. Offenbach: GABAL, 2005
Roger Fischer / William Ury: Das Harvard-Konzept. Der Klassiker der Verhandlungstechnik. Jubiläumsausgabe. Frankfurt a. M./New York: Campus, 2014
Katja Porsch: 30 Minuten Verkaufsabschluss. Offenbach: GABAL, 2014
Katja Porsch: Verkaufsprofiling. Offenbach: GABAL, 2015
Friedemann Schulz von Thun: Miteinander Reden 1. Störungen und Klärungen. Allgemeine Psychologie der Kommunikation. Reinbek bei Hamburg: Rowohlt, 2010
Sun Tzu: Die Kunst des Krieges. Norderstedt: eClassica / Books on Demand, 2012
Paul Watzlawick: Anleitung zum Unglücklichsein. München: Piper, 2005
Paul Watzlawick: Wie wirklich ist die Wirklichkeit? Wahn, Täuschungen, Verstehen. München: Piper, 2005

Weitere Empfehlungen und Materialien finden Sie unter:
http://kommunikation.peterbrandl.com.

Register

Fragetechnik,
zweidimensionale 109
Fragetrichter 103
Füllfloskeln 35, 83

G
Gemeinsamkeiten 53, 149
Generalisierungen 23, 171
Gesetz der Reziprozität
135
Gestik 32
Gewohnheitssteuerung 80
Großhirn 37ff., 77, 80f.

H
HAIFA-Methode 153
Harvard-Konzept 161ff.

I
Ironie 52

K
K.A.O.-Technik 145
Kleinhirn 5, 37f., 41
Kommunikations-
controlling 25ff.
Kommunikationsstile
61f.
Konflikt
Definition 133
Merkmale 136
Notfalltechniken 145f.
Konfliktlösung,
klassische 134
Konjunktiv 35, 83
Körpersprache 30f., 55

M
MAMA-Prinzip 90
MÄRZ-Formel 87
Maximalziel 90
Minimalziel 91ff.

N
Nicht-okay-Haltung 138
Nominalstil 34
Nutzen 71f., 84

O
Okay-Haltung 137
Okay-nicht-okay-Haltung
137
Okay-okay-Haltung 55, 140

P
Projektionen 162

R
Raum der Entscheidung
142f.
Referenzindex 79
Rescue-Fragen 122ff.
Rhetorische Tricks,
unfaire 159

S
Sachaussage 58f.
Sachebene 44, 58, 149
SAMBA-Technik 82f., 85ff.
Schäferhundmodus 143f.
Schuldfrage 152
Schulz von Thun, Friedemann
58f.

Über den Autor

Peter Brandl ist Unternehmer, Managementtrainer, mehrfacher Buchautor, ehemaliger Berufspilot und Fluglehrer und gilt als einer der führenden Kommunikationsexperten im deutschsprachigen Raum. Seit über 20 Jahren gibt er sein Wissen und seine Erfahrungen in Seminaren und Vorträgen weiter.

Er hat das Talent, auch komplizierte Sachverhalte einfach und verständlich darzustellen. Sein Thema, die Kommunikation und die Konflikte zwischen Menschen, wird dadurch spannend wie kaum ein anderes.

Zu seinen Kunden zählen namhafte Unternehmen wie Airbus, Commerzbank, Deutsche Bank, IBM, Microsoft, Siemens, aber auch viele kleinere und mittelständische Unternehmen.

Er greift auf ein umfassendes und fundiertes psychologisches Fachwissen zurück und kombiniert dieses mit Erkenntnissen aus der Luftfahrt. Das Ganze überträgt er auf alltägliche Situationen. Brandl versteht es, in seinen Vorträgen und Veranstaltungen das Publikum zu begeistern, zu unterhalten, mitzureißen und zu motivieren.

www.peterbrandl.com